JN423706

Professional Art make up

응용아트 메이크업

이 미 자 지음

경 춘 사

Professional 응용아트 메이크업 Art make up

지 은 이 이 미 자
발 행 인 안 중 기
발 행 처 도서출판 경춘사
편　　집 디자인통
등록번호 제10-153(1987. 11. 28)

인　　쇄 2009년 03월 10일
발　　행 2009년 03월 25일

서울특별시 마포구 공덕 1동 117-25
경춘빌딩 101호

전　　화 716-2502, 714-5246
팩　　스 704-0688

값 18,000원

IBSN 978-89-5895-061-5-93590

※ 복사는 절대 금함.

머리말

아름다워지려는 미적 욕구는 인간이 가진 가장 원초적인 본능이다. 인간이 화장(Make-up)을 하게 된 기원은 문헌이나 학설상에 아직 명확하게 규명된 바는 없으나, 일반적으로 메이크업은 여성의 매력을 높여주는 행위의 의미로서 사용되었으며, 현대에 이르러서는 단순히 얼굴 위주의 화장 개념에서 벗어나 자신의 개성을 표현하거나 새로운 이미지 연출을 위한 창조적 예술의 한 장르로 나타나고 있다.

저자는 이러한 메이크업의 흐름에 맞추어 기존의 메이크업 관련 책보다 쉽게 풀어 쓰면서도 학생들이 중요한 기본 개념들을 충실히 이해하고 이를 응용할 수 있도록 다음 몇 가지 점에 유의하여 저술하였다.

첫째, 전공자 뿐 아니라 비전공자도 메이크업을 쉽게 이해하고 응용할 수 있도록 평이하게 서술하였다. 둘째, 실제로 사용되고 있는 메이크업 도구들의 사용법을 소개하여 학생들이 쉽게 접근할 수 있도록 하였다. 셋째, 메이크업과 밀접한 관련이 있는 색채에 대한 이해를 돕기 위해 색채의 구성요소와 심리 등을 소개하였다. 넷째, 응용아트 메이크업 분야에서는 타투, 그래픽 등 13가지의 메이크업을 다양하게 소개하였다. 끝으로, 현실적으로 많이 활용되고 있는 메이크업을 주제별로 나누어 소개하였다.

이 책이 출판되기까지 많은 사람들의 도움이 있었다. 무엇보다도 먼저 저자에게 메이크업에 대한 일깨움을 주신 모든 은사님들에게 감사의 뜻을 표하고 싶다. 또한 책이 만들어져 나오기까지 뒤에서 옆에서 고생하는 많은 사람들, 특히 바쁜 가운데서도 스캔과 교정을 맡아준 대학원 후배들에게 참으로 고맙고 미안한 마음을 가진다. 마지막으로 이 책을 만들기 까지 뒷바라지를 맡아 주신 경춘사의 사장님과 안민웅 부장님을 비롯한 편집부의 여러분들에게도 진심으로 감사를 드린다.

저자 나름대로 이 책을 준비하여 출판하게 되었지만 미흡한 부분이 있으리라고 생각한다. 일거에 완벽한 책을 만들기보다는 점차 다듬어 나가는 것이 현실적인 것 같아, 앞으로 메이크업을 전공하는 학생 그리고 가르치는 선생님들의 많은 조언을 얻어 보다 더 나은 책으로 발전할 수 있도록 노력할 것이다.

2009년 3월 이 미 자

Contents

Professional Art make up

제5장 응용아트 메이크업

제6장 주제별 메이크업

제 1 장

메이크업의 이해

1. 메이크업의 의의

일반적으로 메이크업(Make-up)의 사전적 의미는 보완하다, 완성시키다, 제작하다 라는 뜻으로 결점을 커버하고 장점을 더욱더 아름답게 보이도록 꾸미고 매만지는 행위를 뜻한다. 우리말로는 화장(化粧)을 의미하며 분, 연지 등을 바르고 매만져 얼굴을 곱게 꾸밈' 또는 '머리나 옷의 매무시를 매만져 맵시를 냄' 으로 정의되고 있다. 영어의 메이크업은 페인팅(Painting), 토일렛(Toilet), 드레싱(Dressing) 또는 프랑스어의 마퀴아큐(Maquillage) 등으로 표현된다. 17세기 초 영국의 시인 리챠드 크라슈(Richard EFachou)가 여성의 매력을 높여주는 행위의 의미로서 메이크업이라는 용어를 처음 사용하였으며, 현재 사용하는 메이크업이라고 하는 화장 형태의 호칭은 미국의 할리우드 전성기 때 맥스 팩터(Max Factor)에 의해 대중화 되었다. 16~17세기에는 연백을 원료로 만든 분을 페인트(Paint)라 불렀으며 이 후에 백납분에 색상과 향료를 섞어 다채로운 안료로 얼굴에 색칠하는 행위를 페인팅이라 하였다.

현대에 이르러 메이크업의 의미는 단순히 얼굴 위주의 화장 개념에서 벗어나 자신의 개성을 표현하는 수단으로써 사용되고 있으며 눈, 코, 입의 형태뿐만 아니라 새로운 시점에서 내적 정신과 외적 감각까지도 한계를 무너뜨리며 메이크업을 창조적 예술의 한 장르로 나타내고 있다.

2. 메이크업의 기원

인간이 언제부터 화장을 시작했는지를 밝히는 일은 지극히 어려운 문제이다. 예로부터 의복이 발달하지 못했던 시기에는 신체를 장식하는 것이 유일한 장식수단이었고, 인간의 아름다워지려는 미적 욕구는 인간이 가진 가장 원초적인 본능으로 받아들여져 왔다. 또한 종교적인 필요성에서, 자신을 보호하려는 목적으로, 신분계급을 나타내는 수단으로서 태고적부터 치장을 하였다. 따라서 화장의 기원은 인류 생존과 같은 시기라고 추측된다.

메이크업의 원래 목적은 신체에 짐승의 기름을 발라 추위를 견디기 위해서였으며 좀더 나아가서는 신분을 표시하기 위한 목적과 종교적인 의식행사에 이용되었다. 또 사나운 동물이나 자연으로부터의 보호를 위해 인간의 신체에 동물이나 식물에서 채취한 색료를 사용하였다. 고대 이집트에서 유래되었던 아이라인이나 아이섀도는 사막의 먼지와 독충, 그리고 안질로부터 눈을 보호하기 위한 실용적인 목적으로 시작되었다. 이러한 메이크업의 기원은 학문적으로 여러 견해로 해석 되며, 메이크업의 기원설은 대표적으로 보호설, 장식설,이성 유인설, 신분 표시설, 종교설 등이 있다.

1) 보호설

보호설이란 인간이 자기 자신을 어떤 위험으로부터 보호, 위장하기 위한 치장이 미화수단으로 발전했다는 학설이다. 원시인들은 자신의 몸에 새의 깃털이나 짐승의 뿔, 혹은 식물의 색소 등을 이용하여 얼굴이나 신체에 발라 자연 환경에 맞게 적절히 위장함으로써 전투에서 적을 위협하는 수단이나 자신을 은폐하는 수단으로써 메이크업을 시작하였다. 실제로 원시시대 사람들은 몸에 상처를 내거나 문신을 하여 적을 공포감에 몰아넣기 위한 행위로서 메이크업을 행하였다. 그 밖의 예로서 고대 이집트인들은 태양빛과 곤충들로부터 눈을 보호하기 위해 눈 주위에 푸른색으로 짙게 감싸듯이 그려주기도 하였다. 또 다른 예로써 1800년대의 여성들이 몸에 백납분을 바른 것은 가스등이나 촛불의 그을음으로부터 피부의 노화를 방지하며 자외선으로부터 피부를 보호하기 위한 것이었다.

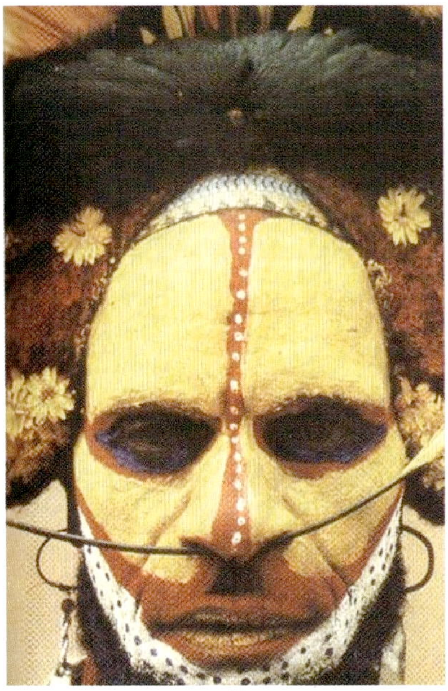

▲ 그림 1

▲ 그림 2 [얼굴문신]

2) 장식설

원시인류는 자연으로부터 영향을 받아 꽃, 동물문양 등을 회화, 조각 문신 등의 형태로 피부에 남겼는데, 이것이 오늘날의 메이크업의 시초였다고 추정한다. 부족 간의 전투 후 승리한 원시의 투사는 자신의 신체에 남아있는 상처와 얼룩진 피가 감탄과 존경의 대상이 되며, 용맹의 상징이 된다는 것을 알게 되었다. 이후 자연스럽게 표식이나 장식을 계속하려는 욕망이 원시의 지도자들로부터 생겨나기 시작했으며, 다채로운 색체의 진흙을 재료로 사용하기도 했다. 인간심리의 구분 욕구와 미적 본능의 장식적인 수단에서부터 메이크업이 시작되었다고 보는 장식설은 현재까지 가장 신빙성 있는 설로 받아들여지고 있다.

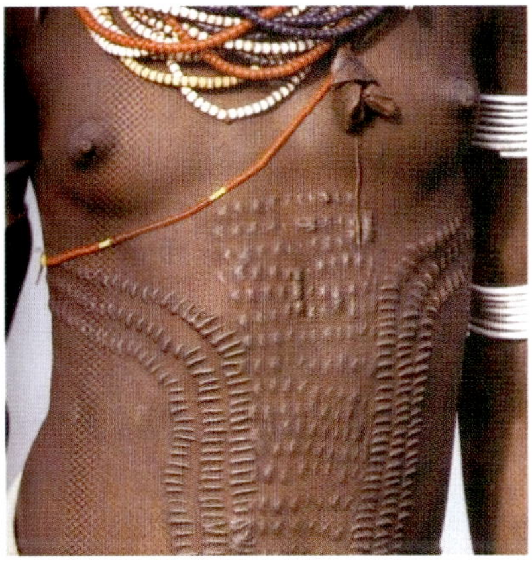

▲ 그림 3

▲ 그림 4

3) 이성 유인설

이성에게 매력적으로 보이기 위해서 신체를 장식하거나 가꾸었다고 보는 설이 이성 유인설이다. 남녀 간의 사랑은 예나 지금이나 사회를 변화하게 하는 하나의 원동력이 될 수 있다. 시대마다 미적기준은 달랐지만 상대방의 관심이나 시선을 끌기 위한 하나의 도구로서 문신이나 장신구를 사용하여 얼굴이나 몸을 치장하였다.

▲ 그림 5 [부족의 미인 기준에 맞게 치장한 여성들]

4)신분 표시설

종족이나 개인의 신분, 부족의 우월성을 알리기 위한 표시적인 수단이 메이크업으로 발전했다는 학설이다. 즉, 나이, 신분, 계급, 종족, 성별을 구분하기 위한 목적으로 계층별, 연령별, 부족별로 화장을 각각 다르게 표현했다는 견해이다.

역사의 초기 지배자들은 그들 나름대로의 아름다움과 위엄을 갖추거나 여러 의식이나 행사에서 민중과의 구별을 위하여 대부분 요란한 치장을 하였다. 아프리카의 추장들 역시 자신의 위엄을 드러내기 위하여 식물에서 채취한 붉은 색의 색소를 이용하여 얼굴이나 신체를 장식하였다. 이처럼 민족 간에 행하여지는 특이한 헤어스타일, 귀걸이, 코걸이, 팔찌 등은 미를 나타내기보다는 계급이나 신분, 부족을 나타내기 위해 착용하였다. 이것이 바로 신분표시설이다.

▲ 그림 6 [채색에 의한 신체장식 : 마오리족 족장 Tamati 초상(19C)]

5) 종교설

초자연과의 융합을 위한 주술적, 종교적 행위로서 색상을 부여하거나 향을 이용하여 병이나 재앙을 물리치고 복을 비는 행위로부터 메이크업이 시작되었다고 보는 견해이다.

이집트의 경우 그들이 숭배하는 신의 제단에 가기 위한 청결의식으로 얼굴에 채색을 하고 향수를 뿌렸다. 또한 미개발국의 부족들이 전쟁의 승리를 기원하기 위해 얼굴에 채색을 하거나 질병이나 마귀를 쫓기 위해 적색을 사용하였다. 우리나라도 강원도 산간지방에서 전염병이 유행할 때 이마에 붉은 동그라미를 그리거나 제주도에서 갓난아기의 첫 나들이 때 이마와 콧등에 솔잎 검댕이를 그려 주었다.

▲ 그림 7

제 2 장
메이크업의 역사

1. 서양화장 문화사

1) 고대

(1) 이집트

고대 이집트의 사회는 강력한 파라오의 통치에 의해 번성하였으며 사회계급은 왕족, 관료의 귀족계층과 평민, 노예로 구분된 신분사회였다. 태양과 나일강의 존재는 이집트인들의 종교관에 절대적인 영향을 주었으며 피라미드나 스핑크스와 같은 거대한 분묘를 만들어 영원불멸한 내세의 삶을 기원하였다.

최초의 화장에 대한 기록이 남아있는 것은 고대 이집트시대이다. 그 당시의 화장은 주로 종교적인 목적에 의해서 사용되었으며, 미용술 또한 성직자들의 고유한 영역이었다. 종교의식이나 장례식 때 행해졌던 화장은 하나하나의 화장행위 자체가 상징적 의미를 지녔으며. 또한 의학적인 기능까지도 담당했다. 눈가에 검정색의 안료를 칠한 강한 태양빛이나 사막의 먼지나 모래로부터 보호하기 위한 의학적인 목적으로 동물성 기름과 섞어서 코울(Kohl)이라는 액체를 만들어 눈 화장에 사용하였다. 이집트인들은 눈의 보호를 대단히 중히 여겨 검은 화장으로 눈을 크게 강조하였다. 검은 미묵을 칠한 눈은 물고기 형태로 늘려서 그렸으며 눈꺼풀에는 녹청색의 강한 색조를 사용하였다. 눈썹은 검은색으로 길게 그렸으며 고운 가루의 붉은 진흙과 양의 기름을 반죽하여 입술과 볼에 사용하였다. 식물성 염료인 헤나로 손바닥이나 발바닥에 연한 장미 빛으로 물을 들이기도 하였다. 이밖에도 식물기름과 라임, 향수를 크린싱 크림을 만들었고 톱향유를 섞어서 몸에 발라 피부를 가꾸었다.

이집트는 기후가 고온다습하기 때문에 사람들은 피부가 상하는 것을 방지하기 위해 제사장들이 만든 쌔그디(Psagdi)라는 피부연고제를 사용했는데,

이는 멘디시엄(Mendesium)이라는 몰약과 계피를 섞어 만든 것이다. 또한 목욕을 즐기고 나트론(나일강의 진흙)으로 몸을 문질렀으며 수아브(표백토와 재를 섞은 반죽)로 각질을 제거하고 향유로 마사지를 하였다. 이집트인들은 성별과 계층별로 화장을 구분하였고 여자들은 희게, 남자들은 갈색피부로 가꾸었으며 평민들의 몸단장은 제한되었다. 이집트의 화장술은 마지막 여왕 크레오파트라에 의해 절정을 이루었다. 이는 다양한 화장품 제조를 가능하게 하였고, 이 시기에 개발되었던 화장품 원료의 많은 부분이 현대에 이르러서도 지속적으로 연구되어 쓰여지고 있다.

▲ 그림 1 [1세와 히토르의 부조, 오시리시 앞에 선 카와메리트 부부]

▲ 그림 2 [고대 이집트의 메이크업박스]

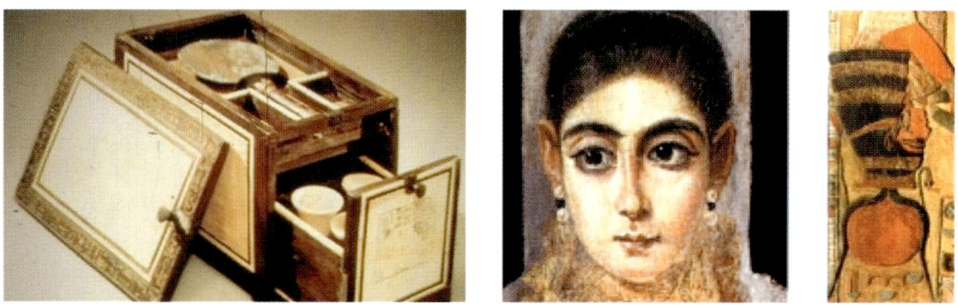

▲ 그림 3 [파이윰 부인]

▲ 그림 4 [클레오파트라]

(2) 그리스 (BC 3000~BC 400)

그리스 시대는 이집트 시대에 비해 여성들의 색조화장이 발달하지 못했다. 이는 인공적인 아름다움을 혐오하고 자연 그대로의 꾸밈없는 인간의 모습을 중시하는 헬레니즘 사상과 남존여비의 사상으로 인해 여성의 지위가 하락했기 때문이다.

헬레니즘 사상은 과장되고 화려한 화장을 허상이라고 생각하여 화장품을 근절시켰고 여성들의 타락시키는 산체 채색물의 사용을 금지시킨 반면, 남자들은 오히려 목욕 후 마사지를 즐겼고 머릿기름과 향유를 바르는 것이 유행이었다.

그리스 시대에 일반 여성들은 기초적인 피부 손질 외에 거의 메이크업을 하지 않았으나 나라에서 인정하는 대규모의 창부들은 매우 짙은 화장을 하였다. 이들의 화장은 대부분 이집트에서 전래된 것으로서 연백을 짙게 칠한 얼굴에 볼연지와 입술 연지를 사용하고 눈썹을 길게 그렸으며 인조 눈썹을 사용하였다. 특히 그 당시에 창부들에게는 흑발보다 금발을 좋아하는 금발 선호

사상이 처음으로 나타남을 볼 수 있다. 금발은 순결과 사회적 지위를 높여주었고, 성적 매력을 뜻했기 때문에 창부들은 노란꽃이나 화분에 칼륨을 섞고 사과 향을 첨가한 포마드로 머리색을 금색에 가깝게 만들었다.

그리스 시대의 임상생리학의 아버지라고 불리는 갈렌(Galen, AD 130~200)은 이집트 화장품의 기록을 체계화하여 최초로 약학과 본초학을 접목시켜 과학화한 후 콜드 크림을 만들었는데, 그의 콜드크림 제조법은 그대로 전수되어 2000년 동안 이어졌다.

▲ 그림 5 [향연의 모습을 묘사한 그림]

(3) 로마 (BC 8세기~3세기)

로마시대는 자유스러운 토론문화와 화려한 목욕문화를 가졌으며 특히 공중목욕탕이 발달하여 그곳에서 사교를 했으며 목욕탕은 위생의 기능뿐만 아니라 사회적 기능까지 겸했다. 상류계급의 여성들은 노예제도로 인해 가사에서 해방되어 자신의 몸을 단장하고 가꾸는데 많은 시간을 투자하였다.

모래와 분, 기름을 몸에 바르는 운트리아움을 거친 후에는 제조를 하였으며 증기탕에서 나온 후에는 때를 밀고, 탕에 들어가기 전에는 몸을 헹구었으며 온탕 후 냉탕을 즐겼다. 목욕 후 온몸의 털을 제모하고 노예들에게 마사지를 받았다. 그러나 이 당시 비누는 존재하지 않았으며 올리브 오일이 그들이 사용한 전부였다. 또한 특별히 훈련된 노예들에게 화장품을 만들게 하여 화장을 전담시켰다.

로마의 특권층 여성들은 흰 피부를 좋아하여 얼굴은 백납으로 하얗게 바르고 볼과 입술에는 단사를 발랐으며 종교의식을 위해 목욕을 즐겼다. 남자들은 목욕과 마사지, 향유 등을 즐겼으며 여성들은 하얀 피부를 선망하여 백분을 하얗게 발라 연약한 모습을 연출하였다. 그리고 진한 눈화장을 하였는데 식물이나 꽃, 황토로 만든 흙가루를 기름에 섞어 사용하였다.

로마의 전성시대에는 많은 시간과 인력을 투자하여 신체의 모든 부분을 과도하게 꾸몄다. 눈은 안티몬이나 샤프란으로 검게 화장하고 볼은 아르칸나나 연단으로 붉게 칠했으며 머리카락은 금발로 염색하였다. 또한 구취제거를 위해 파슬리를 사용하였으며 여드름과 사마귀는 애교 점으로 가렸다.

로마 역사상 가장 사치스러운 여성으로 꼽히는 네로 황제의 부인 포파에어 사비나는 동물의 지방이나 얼굴에 바르고 다음날 아침 씻을 때는 당나귀 젖으로 씻어냈다고 한다.

남자도 여자와 같이 화장을 하였으며 사랑에 빠진 남성들은 창백하고 수척해 보여야 했다. 얼굴에 난 털을 밀어내는 것이 하나의 사회현상으로 유행하였는데 이것은 현대식 면도의 시초가 되었다.

◀ 그림 6 [로마, 그리스여인 벽화]

▲ 그림 7 [고대 로마 메이크업박스, 은거울]

2) 중세

(1) 비잔틴(4~10세기)

중세에는 기독교의 금욕주의의 영향으로 여성들의 화장에 대한 태도에 큰 영향을 끼쳤고 화장을 경시하는 풍조가 강하였다. 화장은 저속한 것으로 여겨졌으며 음탕함과 매춘을 상징하였다.

교회는 여성이 신체를 가꾸고 화장하는 행위를 엄격히 제한하고 금지하였는데, 목욕마저도 제한하여 고해와 영성체 전날의 목욕만을 허용하였다. 화장은 신이 주는 인간의 얼굴을 가면으로 감추는 행동으로 신에 대한 모독으로 받아들여져 금기시되었으며 죽으면 사라지는 육체를 꾸미는 것을 헛된 것으로 생각하였다. 또한 화장은 매춘을 상징하는 것으로서 행실이 나쁜 여성, 예능인, 연극인들에 의해서 행해졌다.

목욕도 제한되어 청결을 위한 것과 고해와 영성체 전날의 목욕만 허용하였으며 제한된 목욕으로 인한 체취는 향수를 사용하여 해결하였다.

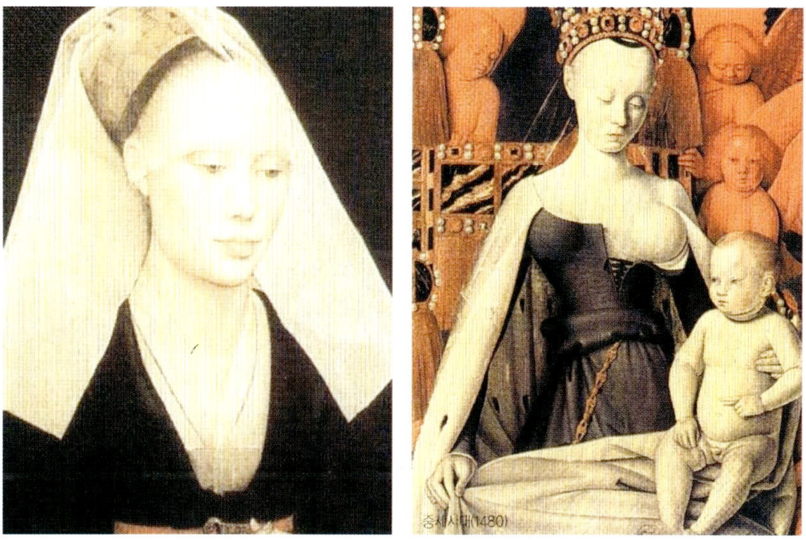

▲ 그림 8 [플랑드르의 여인]

(2) 로마네스크 (11세기~13세기)

십자군 전쟁 이후 동양으로부터 들어온 안티몬과 향유 등 진기한 화장 재료들과 회교도의 화장 풍습이 전해져서 여자들 사이에 아름답게 치장하는 것에 대한 관심이 다시 생겨나게 되었다. 동방에서는 아라비아인이 그리스, 로마의 기술을 연구하고 동시에 인도나 페르시아의 지식과 문화를 흡수하여 연금술, 약학, 식물학 등 세계에서 가장 수준 있는 문화를 형성하였다. 또한 생리, 보건연구도 많이 진전되어 목욕, 식이요법, 마사지, 운동 등의 효과를 강조하였으며, 화장품이나 향유도 단순히 바르는 수준을 넘어서 보다 과학적이고 근본적으로 해결하려는 노력이 이루어졌다.

▲ 그림 9 [성모의 수태고지, 스텐그라스 창문]

(3) 고딕(14~15세기)

고딕시대에는 화장에 대한 혐오풍조와 이상적인 여성의 아름다움에 대해 찬미하는 이중적인 면이 공존하는 시대였다. 14세기 쟈끄 드 라 마르슈는 음탕함과 저속한 화장을 근절하는 한편, 결혼 적령기의 처녀들과 보기 흉한 결점 때문에 괴로워하는 여자들에게 화장을 허용하는 등 화장에 대한 혐오 풍조와 이상적인 여성의 아름다움에 대한 규범이 있었고 그것을 찬미함으로서 화장에 대한 이중적인 태도를 가졌다. 14세기 중반부터는 이탈리아를 중심으로 번성하기 시작한 르네상스 운동의 영향으로 중세의 기독교적인 인식에 변화가 생겨 여성의 화장에 대한 관심이 다시 생겨나게 되었다.

이 시대에 유행했던 화장법은 그리스와 로마처럼 피부를 희게 가꾸는 것에서 비롯되었다. 창백한 피부가 고상한 아름다움으로 대변되었고, 치아도 희게 가꾸었으며 입술은 볼륨감 있는 작고 도톰한 형태를 선호하였다. 눈썹은 가는 아치형으로 둥글게 다듬어 이마를 더 넓어 보이게 하였다. 높고 넓은 이마를 미인으로 선호하여 이마의 앞머리는 뽑거나 밀어서 넓게 가꾸는 것이 이상적인 모습이었다.

▲ 그림 10

▲ 그림 11 [이탈리아 여인, 플랑드르의 여인]

3) 근세

(1) 르네상스 (16세기)

르네상스시대를 맞이하여 그 동안 제한되었던 화장문화가 이탈리아 여성을 중심으로 점차 발전하기 시작하여 화장은 필수조건이 되었다. 그 당시의 미의 전형은 피부는 창백하고 투명하며 눈썹은 뽑아 없애는 것이었다. 흠없는 창백한 얼굴에 뺨과 입술에만 가볍게 색조화장을 했다.

인간존중, 개성의 해방을 목표로 하는 한편, 그리스 로마의 고전문화부흥을 표방한 문예부흥기로서 의학 부분에 속해 있던 향장학이 하나의 독립된 분야로 발전하게 되었다.

자본주의가 출현하고 종교개혁이 이루어지면서 개인주의와 향락주의가 만연해 귀족과 부유층은 남녀를 불문하고 과장되고 화려한 의복과 화장을 즐겼다. 이탈리아 여성들은 흰 피부를 선호하였으며 회화용 재료를 피부에 발랐고, 볼은 낮에는 창백하게, 저녁에는 붉게 화장을 하였다.

영국의 엘리자베스 1세 여왕은 알라바스터 분말과 점토, 마스크 팩, 백납분 등을 사용하여 흰 가면을 쓴 것처럼 하였으며 보이는 신체 부분은 모두 하얗게 분을 바르고 이마에는 정맥을 그려서 투명하고 희게 보이게 하였다. 머리는 붉게 염색을 하거나 수백 개의 가발을 번갈아가며 사용하였고 주름살을 감추기 위한 과도한 화장은 귀족사회에서 유행되었는데, 남자도 여자처럼 피부를 하얗게 보이기 위해 분을 발랐다.

프랑스의 루이 15세의 정부였던 퐁파두르(Pompadour)는 화려한 화장법으로 유명하였다. 중국에서 수입한 쌀가루 분을 발랐던 것이 유행이 되어 온 집안에 쌀가루가 날리는 것을 방지하기 위한 독립된 방을 만들어서 파우더 룸이라 불렀는데, 이때부터 파우더 룸은 화장하는 방을 뜻하게 되었다.

▲ 그림 12 [조반나 다라고나, 담비를 안고 있는 여인]

▲ 그림 13 [모나리자, 루크레치아판치티키]

▲ 그림 14 [관능적인 눈썹, 엘리자베스 여왕]

▲ 그림 15 [라벨라, 엘리자베스 여왕, 부인의 초상]

(2) 바로크(17세기)

바로크(Baroque)의 어원은 '일그러진 진주' 라는 뜻으로 르네상스의 고전적인 균형, 조화의 세계에 비하여 유동적이고 강렬한 남성적인 감각과 더불어 기묘하고 이상한 이미지가 강조되어 붙여진 이름이다.

17세기에는 예술의 발전, 종교개혁, 자본주의의 출현, 식민지 개척 등이 이루어지면서 점차 개인주의와 향락주의로 흐르면서 쾌락과 사치를 추구하게 된다. 중세의 아름다움의 상징이었던 창백하고 갸냘픈 몸매는 사라지고 바로크시대에는 짙은 눈썹과 터질듯한 가슴, 통통한 손가락 등 풍만하고 성숙한 여인상이 미의 기준으로 자리잡았다.

티치아노의 〈화장하는 여인의 초상〉을 보면 선명한 눈썹화장과 깊은 눈 화장, 풍요로운 금발이 강조되었으며 가슴의 윗부분을 선정적으로 드러내고 있는 관능적인 바로크시대의 대표적인 미인상을 보여주고 있다,

17세기 후반에는 주근깨와 여드름을 감추기 위해 초승달 모양을 한 애교점이 인기를 끌었는데 이를 패치(Patch)라 하였다. 애교점은 그 위치에 따라 눈 주위에는 '뇌쇄적' 을 의미하였고, 입술 주위에는 '장난기 있음', 볼 주위는 '친절' 등의 의미로 표현되었다.

이시기에는 남성과 여성 모두 과도한 장식과 화장이 유행하였다. 특히 유럽 왕실과 상류귀족의 여성과 남성들은 거의 모든 열정을 외모 가꾸기에 쏟아부었다. 이 시기에 있어 화장은 사교를 위한 필수적인 요건으로 사용되었다. 또한 지나친 화장이 강한 도덕주의에 대한 해방의 의미로 해석되기도 했다.

이시대의 화장의 특징은 진한 화장을 하여 백랍으로 만든 인형처럼 보였고, 깨끗하고 밝게 강조한 눈썹, 빰의 위치보다 약간 밑에 홍조를 띠거나 붉은 연지를 칠하고, 모양과 색깔이 장미꽃 같은 입술, 살이 찌고 둥근 얼굴을 선호하였고, 몸 냄새를 감추기 위해 강한 향수를 사용하였으며 루이 13세 시대에 프랑스 상류사회나 궁전의 풍속가운데에서 가발이 등장 함에 따라 화려한 의상과 조화되어 매우 중후하고 거창한 형태로 변화하였다.

▲ 그림 16 [리치아노(화장하는 여인의 초상)]

▲ 그림 17 [소녀 마리 테레즈, 벨레 그레그(1651년)]

(3) 로코코(18세기)

로코코(Rococo)의 어원은 불어의 로카이유(Rocaille)와 꼬끼이유(Coquille)의 복합어로 조개껍질이나 돌, 식물에서 추출한 재료로 사용하여 자유로우면서 일정한 리듬을 갖는 곡선형태를 일컫는 말이다. 이 시대는 백옥같이 흰 피부에 정교하게 그려진 눈썹, 그리고 적절한 양의 립스틱을 사용하여 자연스러운 이미지를 표현하는 여성을 아름다운 여성으로 간주하였다. 이시대의 화장양식은 실용성과 청결관념보다는 예술성에 우위를 둔 시기로 화장품의 제조가 더욱 활발해졌으며 화려하고 무분별한 화장이 극에 달한 시기이다.

하얀 피부를 여전히 선호하여 두꺼운 피부화장을 하고 얼굴바탕은 희게 하였으며 지나치고 과도한 화장은 남녀귀족 모두에게 유행하여 남성도 백납분을 하얗게 바르고 볼과 입술에 루즈를 발랐다.

18세기에 사용된 연지의 붉은빛은 진홍색, 장미색, 주홍색에 이르기까지 다양한 색을 사용하였다, 관자놀이에는 갈색, 입술주위에는 밝은 색조를 칠하고 광대뼈와 눈 가까이에 원형으로 연지를 붉게 발랐다. 이렇게 과다한 연지의 사용은 얼굴 혈색을 감추기 위한 가면의 역할을 담당하였다. 또한 별모양이나 십자가 모양의 팻치를 붙이는 것도 꾸준히 유행하였다. 눈에 열정을 부여한다는 이유로 남녀 모두 아래 눈꺼풀에 두꺼운 화장을 하였다. 눈썹은 검게, 혈관은 아름다운 푸른색으로 치장하였고 색색의 동물 모형의 팻치를 사용하였으며 가면위에까지 패치가 사용되어 패치 사용의 극치를 이루었다. 또한 눈빛을 촉촉하게 보이기 위해 가지과에 속하는 식물인 멜라도나의 즙으로 동공을 확대하기도 하였고 쥐의 피부로 눈썹을 만들어 아교로 붙여왔으며, 이가 빠져 뺨이 들어간 부분에는 플럼퍼(Plumper)라는 패드를 넣어 뺨을 통통하게 만들었다.

이 시기는 눈속임의 절정기로 유년기를 넘긴 모든 얼굴에 화장품을 발랐으며 여인들은 잠들 때도 옅은 볼 화장을 했다. 이러한 사치와 타락에 대해서 비난의 여론이 일기 시작했으며, 18세기 후반의 영국의 국회에서는 화장과 꾸밈에 대한 규제를 마련하기도 했다. 이러한 양상은 프랑스 대 혁명으로 귀족사회의 붕괴와 귀족의 화장도 단죄를 받게 되고, 자연스러움이 강조되는 화장으로 변화화기 시작한다.

▲ 그림 18 [퐁파두르 부인의 초상]

▲ 그림 19 [애교점을 붙인 여인, 18세기 여성들의 화장세트]

▲ 그림 20 [마담 퐁파두르, 마리 앙투아네트]

▲ 그림 21 [장 프랑수아 드 트루아, '몰리에르 작품 낭독']

▲ 그림 22 [로브 아 라 프랑세즈, 슈미즈 아 라 렌느]

▲ 그림 23 [마담 퐁파두르의 초상화, 어느 귀족 부인의 초상화]

(4) 19세기 (근대)

19세기 들어서서 화장은 자연주의 사상의 대두와 함께 자연스러운 화장이 주조를 이루며, 19세기 중반부터는 화학과 기술의 발달로 화장품 제조술이 발달한다. 이 당시에 비누가 등장함으로써 위생과 청결, 피부 관리에 대한 관심이 증가하며, 화장이 여성만의 전유물이라는 개념으로 사용되기 시작하였다. 이 까닭에 대해서는 명확하지는 않지만 산업사회의 등장과 남녀성별 분업의 노동문화가 정착하면서 비롯되었다고 한다. 또한 이 시대에는 건강 담론의 형성으로 건강한 신체가 미용의 또 다른 조건으로 나타나기 시작했다 비누의 등장으로 위생과 청결, 피부 관리에 대한 관심이 증가되었으며 화장이 여성의 전유물이라는 개념으로 자리 잡기 시작했다. 여전히 흰 피부를 선호하여 햇볕에 그을리지 않도록 얇은 베일을 썼으며 미용 팩과 필링효과가 있는 메카의 향유, 카카오 기름, 고추냉이 기름 등을 이용했다. 자연스러운 메이크업에 눈을 길고 가늘게 아이라인을 그렸으며 입술은 주황이나 빨강 등 정열적인 색을 선호하였으며 볼연지의 위치가 주로 올라가게 화장을 한 것이 특징이다.

피부 톤은 가능한 창백하게 하기 위하여 쌀가루 분을 사용하기도 하였고 눈 화장은 최소한으로 그렸다. 1860년 이후부터 여성의 미에 대한 생리적, 본능적 욕구는 사회분위기의 완화와 함께 되살아나기 시작하면서 색조 메이크업이 유행하고, 붉은 색 볼연지는 다시 유행되었고 입술은 진하게 발라졌다. 아이라인과 심지어 인조 속눈썹까지도 등장하였다.

▲ 그림 24 [둥근롤로 귀를 덮은 형 : The puchessed' Aumale(1846), 엠파이어 스타일과 짧은 머리형]

▲ 그림 25 [르를랑부인, 브로글릴 공주(1853년)]

(5) 20세기

20세기 초는 19세기의 자연스러운 화장이 그대로 지속되었으며, 1차 세계 대전을 겪으면서 본격적인 산업화의 기반이 마련되면서, 여성들의 화장 문화는 20세기의 빠른 변화의 다양성과 함께 이전과는 다른 특성을 띠며 전개된다. 특히 대중사회의 등장은 새로운 화장 문화 형성에 큰 영향을 미쳤다.

즉, 20세기 이전까지 메이크업은 화장품의 원료구입, 제조방법 등의 한계로 크게 보편화되진 못하였으나 20세기 이후 현대 산업 사회로의 전환과 함께 대중이 출현하면서 그들의 각자의 선택과 취향에 따라 미를 평가할 수 있게 되었고 산업화의 진행으로 화장품 공업이 발달함에 따라 일반인에게 까지 보편적으로 행해지게 되었다. 또한 영화나 패션잡지 등 대중매체의 증가는 이상적인 미에 대한 현실을 반영하며 변화시키는데 결정적인 영향력을 갖는 메이크업 수단이 되었다. 따라서 메이크업이 사회문화적 가치를 지닌 것으로 발전한 것은 20세기에 이르러서이다.

이러한 20세기 이후의 메이크업은 각 시대와 문화권의 역량에 따른 미의 가치 성향에 따라 1950년대 이후 젊은 세대의 등장과 함께 사치 전반에 혁명적인 변화 흐름이 나타나면서 점차 남성과 여성의 구분과 개념이 희미해져서 화장은 남녀를 불문하고 사회 구성 집단에 따라 다양하게 등장하는 의식의 표출수단으로 확대 되었으며, 여러 가지 새롭고 전위적인 표현의 형태와 패턴이 나타났다.

2. 우리나라 화장 문화사

1) 고조선 시대

우리나라의 메이크업은 선사시대 유적지에서 출토된 원시형의 장신구들에서 화장의 흔적을 볼 수 있다. 단군신화에 의하면 곰과 호랑이에게 백일 동안 햇빛을 보지 못하도록 하고 쑥과 마늘만 먹으며 굴속에서 칩거하도록 했다. 이것은 정신을 맑게 수양하고 백색피부로 가꾸기 위해 행하였던 것으로 추측된다. 이처럼 우리 민족은 백색피부를 선호하였고 쑥은 예부터 피부를 위한 민간요법으로 쓰였던 식물인데, 목욕할 때 달여서 사용하였으며 미백효과와 잡티제거, 피부병의 예방효과가 있다. 마늘은 찧어서 꿀과 혼합하여 사용하였는데, 이는 혈액순환을 돕고 미백효과를 내며 벌레에 물린 곳에 문질러 바르면 살균효과를 낸다. 또한 기미, 주근깨 등을 제거하는데 사용되기도 하였다.

고대인들은 이와 같이 주변의 환경과 친숙해지면서 자연을 이용할 줄 아는 지혜를 가지고 있었음을 알 수 있다. 부족국가 시대에 한반도 동북쪽에 살았던 읍루 사람들은 겨울에 돼지기름을 발라 피부를 부드럽게 하여 동상을 예방했으며, 또 말갈 사람들은 오줌으로 세수를 하여 피부 미백의 수단으로 삼았다고 한다.

한편 한반도 중부 이남의 사람들은 문신을 했다는 기록도 있다. 낙랑의 유물인 체화칠협의 인물상을 보면 머리가 정돈되어 있고, 이마를 넓히기 위해 머리털을 뽑은 흔적이 뚜렷하고, 눈썹이 굵고 진하게 그려진 점으로 보아 이 시대에 최소한의 단정한 몸차림이 생활의 기본이였던 듯하다.

▲ 그림 26 [채화칠협(채협총출토)]

2) 삼국시대

(1) 고구려

고구려여인들의 화장문화는 5, 6세기경의 평남 용강군 소재 쌍용총의 벽화를 보면 잘 알 수 있다. 이 벽화에는 귀족부인과 시녀가 그려져 있는데 머리엔 관을 쓰고 옷깃을 붉으며 빰에는 연지가 찍혀있다. 이 벽화를 잘 살펴보면 고구려 여인들의 얼굴은 보름달처럼 둥글게 생겼고 눈썹은 짧고 뭉특하게 그렸으며 머리는 틀어서 얹고 입술에 연지를 발랐다는 것을 알 수 있는데 이는 대륙에 오랫동안 전래하던 화장술로 요염한 자태를 나타내는 화장법이다.

또한 수리산 고분벽화의 귀부인상을 보면 머리에 관을 쓰고 빰과 입술이 연지로 단장되어 있으며 눈썹화장은 넓게 곡선형으로 다듬어져 있는 것을 볼 수 있다.

쌍영총 고분벽화의 여인상도 연지 화장을 하고 있으며 눈 화장 색으로 오렌지색을 사용했고 삼국사기에는 무녀와 악공이 연지화장을 한 것이 기록되어 있는 것으로 보아 고구려인들에게 기초화장과 더불어 색조화장까지도 성행하였음을 알 수 있다.

▲그림 27 [연지화장한 여인 : 고구려 쌍영총 고분 벽화, 고구려 수산리 고분 벽화]

(2) 신라

신라시대에는 박혁거세와 알영의 일화가 시사하듯이 아름다운 육체에 아름다운 정신이 깃든다는 영육일치의 사상이 국민정신의 바탕이 되어 모두 깨끗한 몸과 단정한 옷차림을 추구하였다. 삼국사기에 김유신의 누이 문희가 엷은 메이크업을 하였다는 기록이 있으며, 이처럼 통일 이전에는 메이크업을 엷게 하는 것이 유행이었으나 문무왕 4년(664년)에 여성의 복제를 중국식으로 바꿀 때 중국 여인의 짙은 색조화장도 함께 들어와 여성들은 동백이나 아주까리 기름을 짜서 머리에 손질하고 백분으로 얼굴을 희게 하였으며 이마와 뺨, 입술에 잇꽃연지를 발갛게 발랐다. 또한 신분에 관계없이 향낭을 차고 귓볼을 뚫어 귀걸이를 달았으며 장도를 지녔다고 한다.

신라에서는 분을 제조하는 기술도 발달하여 납을 화학 처리한 연분이나 백합꽃의 붉은 수술인 산단을 원료로 한 색분 등을 만들어 썼다. 또한 불교의 전래와 더불어 청정을 강조하여 신라에서는 목욕이 대중화되었고 이에 따라 목욕용품이 크게 발달하였다. 팥이나 녹두, 쌀겨 등으로 만든 조두라는 세제가 그 예였는데 이는 피부미용을 조두에서 나는 팥 비린내를 제거하기 위한 향유의 발달까지 촉구한 계기가 되었다.

(3) 백제

백제의 경우 구체적인 기록이 적어 고구려나 신라에 비해 메이크업의 정도를 제대로 가늠하기가 매우 어려운 실정이다. 그러나 일본의 화한삼재도회라는 도감을 보면 일본이 백제로부터 메이크업 테크닉과 화장품 제조 기술 배워간 이후에 비로소 메이크업을 하기 시작했다는 기록이 있는 것으로 보아 백제의 화장품 제조술과 테크닉이 매우 높은 수준이었다는 것을 짐작 할 수 있다.

또한 중국의 문헌을 보면 백제인들의 화장 경향을 시분무주 (施紛無朱, 분은 바르되 연지는 바르지 않았다)라고 적고 있는 것으로 보아 백제인들은 엷고 은은한 화장을 좋아했음을 알 수 있다. 두발과 화장은 곧 그 신분을 나타냈으며 대부분의 여인들은 은은하고 부드러운 화장을 위하여 분을 바르되 연지는 사용하지 않았다. 백제의 화장문화는 일본에 영향을 주어 화장술이 일본으로 전파되었을 정도의 높은 수준이었다.

▲ 그림 28 [화장용 백분을 담았던 것으로 추측되는 토기함 (백제시대)]

▲ 그림 29 [조선불화에 보이는 쌍환계(삼국시대), 높은머리를 장신한 여인(송) (통일신라시대)]

4) 고려시대

태조 왕건이 신라의 정치제도와 문화전통을 계승하는 정책을 펴 불교를 계속 신봉하였고 신라 초기에 생성된 영육일치의 미의식이 그대로 전승됨에 따라 고려의 메이크업 문화는 외형상 사치스러워졌으며 내면적으로는 탐미주의 색채가 농후해졌다. 서긍은 고려도경에서 고려 귀부인의 메이크업에 대해서 향유 바르기를 좋아하지 않고 분은 바르되 연지를 즐겨 바르지 않았다 라고 되어있다. 고려시대에는 화장이 여성의 신분에 따라서 두가지 뜻으로 이원화되는 경향을 보여 준다. 기생제도가 생겨난 후 분대화장과 여염집 부인의 옅은 화장으로 구분되는데 그 당시의 기생들은 교방에서 가르쳐준대로 분대화장을 해야했고, 이는 얼굴이 창백해 보일 만큼 흰 분화장을 하고 눈썹은 가늘게 다듬어 그리고 입술은 붉게 연지를 바르고 볼은 복숭아 색을 띠게 하였으며 머리카락은 윤기가 흐르도록 기름을 발랐다. 여염집 부인들의 화장은 이에 대한 반작용으로 분대화장을 기피하고 옅은 화장을 함으로써 기생과 구분하고자 하였다. 이 시대부터 화장이 자신의 계층이나 신분을 표현하는 도구의 의미로써 사용되었다고 추정된다.

▲ 그림 30 [귀부녀복(하연부인상, 조반부인상)]

5) 조선시대

조선시대에는 유교적인 도덕관념과 남성 위주의 사회풍조로 인하여 궁녀와 기생들을 제외하고는 화장을 거의 하지 않았으며 고려시대에 비하여 소박한 화장을 한 것이 특징이라 하겠다. 화장은 기녀들만 하는 것이라는 관념이 강하여 여염집 여인들은 검소함과 청결함이 강조되었고 피부 손질 위주로 하는 엷은 색조의 은은하고 수수한 담장(淡粧)을 즐겼다. 얼굴에 눈썹을 그리고 연지를 칠하고 분을 바르되 본래의 생김새를 바꾸지 않는 범위 안에서 아름답게 가꾸도록 하였으며, 화장한 모습이 화장하기 전보다 확연하게 달라 보이면 야용이라 하여 크게 경멸하였다.

밖으로 드러나지 않는 삶을 강요받았던 조선시대 여성들에게 있어서 화장의 필요성이 점차 상실되어 여성상에 대해서는 '얼굴은 둥글고, 통통하며, 살빛은 흰 편이고, 흉터나 잡티가 없다. 전체적인 골격의 이상형은 건강하고 머리숱이 많고 검으며, 인중은 길고 입술색은 붉은 빛을 띠어야 아들을 잘 낳고, 인내심이 강하고 원만한 성격의 소유자' 라 여겼다.

조선시대에는 이상적인 여인상과 미인상으로 양분화 되는데, 이상적인 여인상은 지(智), 덕(德), 체(體)를 고루 갖추고 둥근 얼굴형과 건강한 골격을 갖춘 며느리 감의 여인이였으며 미인상은 흰 피부색과 가냘픈 몸매의 궁녀나 기생의 모습과 당시 여염집(일반 가정) 여성들의 화장은 아들 잘 낳는 모습으로서의 기능을 위한 것으로 사용되었다. 그 시대 앵두처럼 붉고 작은 입술, 초승달 같이 흐리고 가느다란 눈썹에 쌍꺼풀 없이 가느다란 눈, 마늘쪽처럼 생긴 자그마한 콧망울, 반듯하고 넓은 이마, 턱이 다소곳하게 작고, 동그랗고 아담한 계란형 얼굴, 이런 전통미인의 모습은 한국 회화사에서 가장 아름다운 얼굴 초상으로 평가되는 조선 후기 화가 신윤복의 '미인도' 에 잘 나타나 있다. 즉 정실 부인으로서의 여성에게는 부계혈통 보존을 위해서 화장에 대한 부정적인 인식을 강요한 반면, 그들의 유희 대상으로서의 기생 신분의 여성들에게 있어서는 분대화장이 허용됨으로서, 가부장제하에서의 이중적인 성윤리관이 화장문화의 형성에도 영향을 미쳤음이 보여진다. 또한 그 당시 미인박명(美人薄命)사상이 문화적 관념으로 자리 잡음으로써, 미인(美人)이나 화장과 같은 외모 가꾸기에 대한 부정적인 인식의 형성에 한 몫을 했다고 볼 수 있다.

의인소설(擬人小說)인 《여용국전(女容國傳)》이 여성의 화장을 국가정치에 비유하여 권장하고 있고, 화장품과 화장기구가 18종이나 등장하는 점으로 미루어 볼 때, 또 숙종(1673~1720) 연간에 화장품 행상인 매분구가 존재했던 것으로 보아 조선시대에 화장품의 생산 · 판매가 산업화할 조짐을 보일 정도로 다양하게 대량 소비되었던 것으로 믿어진다.

미용법도 발달하여 조선시대 규합총서에는 '겨울에 얼굴이 거칠어지고 터지는데 달걀 세개를 술에 담가 김새지 않게 봉하여 네 이레 두었다가 바르면 얼굴이 트지 않고 옥같아 진다' 는 등의 미용법이 수록되어 있고 이밖에 여러 가지 두발의 형태, 입술 그리는 방법, 눈썹 그리는 방법 등의 내용도 담겨져 있다. 1922년에 제조허가 1호로 출범한 박가분(朴家粉)의 경우 인기는 얻어 하루에 5만 갑이나 팔렸다고 하지만 생산방식이 재래식에 머물렀고, 납성분의 부작용으로 물의를 빚기도 하였다.

▲ 그림 31 [조선시대의 미인도(작자미상)]

6) 근대 개화기

근대 개화기에는 신식화장품과 신식화장법이 도입되면서 화장문화의 또 다른 국면을 맞이한다. 개화의 물결로 인해 화장품이 수입되기 시작하였고 이 같은 외제 화장품의 수입은 화장품 제조를 촉진시키는 기폭제 역할을 했다. 화장은 대중들에게 널리 보편화되었다. 1890년 갑오경장 때에는 육주비전이라는 곳에서 화장품을 취급하여 판매하였고 지방에서는 방물장수들이 전국을 돌아다니며 화장품을 판매하였다. 이로 인하여 여성들 사이에서 화장을 하는 문화가 성행하였다. 특히 서구의 성해방적인 시각이 몰려오면서 여성의 몸에 대한 관심은 더욱 높고 메이크업을 애써 기피했기 때문에 분대 메이크업은 더욱 기생의 상징이 되었다.

일반 여성들은 피부의 기초 화장 위주로 하는 엷은 색조의 은은하고 수수한 화장을 즐겼고 아침에 꿀을 발라 각질을 벗겨낸 후 분화장을 했다. 사대부 여인들은 복숭아 색의 분을 사용함으로써 흰분을 바르는 기녀들과 구분되고자 하였다. 눈썹화장은 버들잎 모양으로 둥글고 자연스럽게 그리는 것이 유행이었다.

한일합방 이후 1920년부터는 수입선이 프랑스를 비롯한 유럽까지 확대되었다. 수입화장품은 주로 크림, 백분, 비누, 향수 등이었는데 포장과 품질이 우수하여 여성들로부터 대단한 인기를 끌었다. 이와 같은 수입 화장품의 인기는 우리나라 화장품의 산업화를 촉진시키는 자극제가 되어 1916년에 종로구 연지동에서 가내 수공업으로 제조되기 시작한 '박가분(朴家粉)'이 품질개량과 포장개선을 꾀하여 1922년에는 정식으로 제조하여 제조허가를 받기에 이르렀다. 뒤이어 서가분, 장가분, 설화분, 서울분 등 유사상품이 쏟아져 나왔으며 그 외에 배달기름(머릿기름), 연부액(軟膚液, 미백 로션), 유액(밀크로션) 등도 잇따라 시판되었으나 이 무렵의 화장품은 요즘처럼 기능이 세분화되지는 않았다.

신식 화장법이 도입되어 입술연지의 색깔이 진해지고, 향수의 향내와 비누의 향내가 진해졌으며 이런 경향은 기생이나 접대부에게 유행이 되어 조선시대와 마찬가지로 직업 여성과 일반 여성의 화장이 뚜렷이 구분되었다.

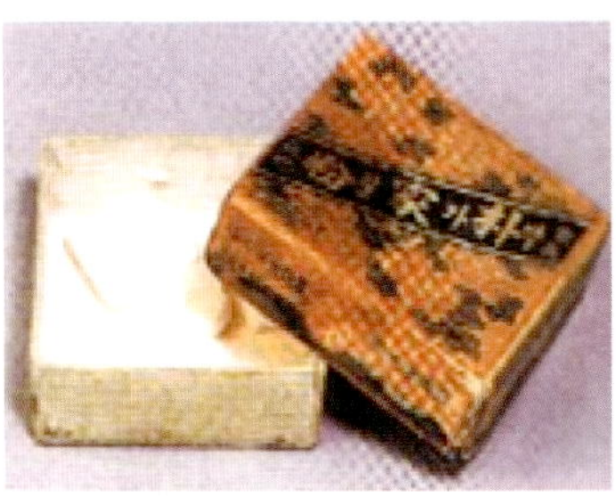

▲ 그림 32 [박가분, 동아일보에 실린 광고]

3. 시대별 메이크업

1) 1900 ~ 1910년대

과학의 발달이 급속도로 이루어지면서 교통 · 통신 등 여러 분야에서 획기적인 변화가 일어나기 시작한 시기이며 19세기의 영향으로 자연스러운 화장이 지속되었다.1900년대 초반에는 일반여성의 경우 색조 화장은 거의 하지 않고 피부 손질용 화장품 사용이 대부분 이었다. 희고 투명한 피부에 대한 선호로 이를 위한 크림이나 로션을 가장 많이 사용하였고 파우더만 바른 피부에 눈썹을 다듬은 정도가 화장의 전부였다. 1908년과 1909년에는 엘리자베스아덴(Elizabeth Arden)과 헬레나 루빈 스타인(Helena Rubinstein)이 미용실을 개설하고 미용제품을 출시하기 시작했다.

1909년 러시아 발레단의 파리공연으로 오리엔탈 붐이 일어나 동양적이고 신비스럽고 강한 색조가 인기를 끌게 되자 화장의 색조도 풍부해지기 시작하였다. 특히 디자이너 폴 쁘와레(Faul Poilet)에 의해 전개된 오리엔탈 분위기의 의상과 이에 어울리는 화장형태가 등장하였다. 희고 투명한 피부에 대한 선호로 크림이나 로션을 많이 사용 하였고 오리엔탈 붐이 일어나 눈을 옆으로 길어 보이게 하는 아이라인, 눈썹과 눈사이에 황색분이나 강렬한 색을 바르는 동양적인 분위기의 눈화장이 유행하였으며 핑크와 붉은 입술화장이 등장했다. 밝은 색이 인기를 끌게 되어 핑크와 붉은 입술화장이 등장했으며 속눈썹을 위로 말아 올리고 눈썹을 검게 칠하는 새로운 기법의 눈화장이 터어키, 아라비아 등 중동지역의 영향으로 유행하였다. 특히 영화 뱀프(Vamp)에서 요염한 요부 역을 연기한 테다바라(Theda Bara)는 검은 펜슬로 눈썹을 가는 일자형으로 그리고 눈주위에 강한 음영을 표현하고, 마스카라를 발라 눈매를 신비롭게 표현하고 입술은 작고 선명하게 그려 관능적인 매력을 나타냈다. 현대적 개념의 화장이 등장한 시기는 화장품의 산업화가 본격적으로 진행되기 시작한 1차 대전 이후 즉 1920년대부터라고 할 수 있다.

▲ 그림 33 [테다바라(Theda Bara), 폴라 네그리(Pola Negri)]

2) 1920년대

1차 세계대전 후 서구는 정치, 경제, 문화적으로 현저한 변화를 겪으면서 현대의 특성을 지니게 되었다. 1920년대를 '분별없는 20년대' 혹은 '광란의 20년대', '들뜬 20년대'로 특징지을 만큼 이 시대에는 젊고 새로운 것들에 대한 강조와 과시가 두드러지게 나타났다.

화장도 이러한 사치적 분위기와 변화를 뚜렷이 반영하여 전개되었다. 전쟁 동안 약간의 분칠과 속눈썹을 강조하던 정도에서 전쟁이 끝날 무렵에는 화장한 여성들의 얼굴이 조금씩 눈에 띄기 시작했다. 이에 영화가 본격적인 대중 오락문화의 역할을 하기 시작하면서 대중에게 영향을 끼쳤다. 이 시대 메이크업의 특징은 자연스러운 모습에서 벗어나 인위적인 아름다움을 만들기 위해 눈썹은 뽑아서 가늘고 초생달과 같은 눈썹을 만들어 그 위에 다시 눈썹 연필로 그렸고, 아이섀도는 초록색, 갈색, 검정색 등으로 강하게 표현하였고, 인조 눈썹을 많이 사용했다. 눈에는 코울로 아이라이너를 그렸으며 볼에 둥그렇게 붉은 볼 화장을 하고, 입술화장은 또렷하고 선명하게 붉은색으로 그렸다. 눈가에 검정색 라인을 그렸으며 눈꺼풀에도 음영을 주고 눈썹을 가늘게 다듬거나 정교하게 그렸다. 또한 입술을 아주 선명하고 반짝이는 붉은 색으로 진하게 강조하였는데 이를 장미봉오리(rosebud), 벌에 쏘인 듯한 뽀로퉁한 입(divinebee-strung lips)등으로 칭하였다. 이러한 뚜렷한 화장은 당시 새롭게 등장한 플래퍼(flapper), 가르손느(à la garconne)라는 명칭을 지닌 여성들에 의해 주도되었는데 이들은 1차대전 동안 남성을 대신하여 사회로 진출함으로써 경제적 자립과 더불어 여성 참정권의 보장과 남녀평등 사상을 주장하며 1920년대의 새로운 삶에 대한 흥분과 자유, 생명력을 대변하였다.

또한 1920년대에는 대중적으로 자리잡기 시작한 영화의 발달로 대중들의 선망의 대상이 된 헐리웃 스타들의 화장형태와 의상, 심지어는 행동이나 태도까지도 추종되고 모방되었다. 클라라 보우(Clara Bow)는 1920년대를 대표하는 영화스타로 창백한 얼굴, 짧은 단발머리, 크고 검게 화장한 눈, 그리고 곡선 진 빨간 입술로 유명하다. 이처럼 1920년대에는 전후의 젊고 활기찬 시대 분위기와 함께 새로이 등장한 여성의 이상적 유행을 표현하는데 있어 화장이 중요한 수단의 하나로 자리잡게 되었다. 과거의 자연스러움에서 벗어나 인위적으로 다듬거나 그린 얇은 눈썹, 또렷하고 선명하게 강조된 작은 입술화장은 우상시 되는 영화배우의 등장에 의해 더욱 확대되어 20년대 여성들의 이상적 미를 표현하는 보편적인 화장 형태가 되었다.

20년대의 대표적 여배우인 클라라보우와 글로리와 스완슨

▲ 그림 34 [클라라보우, 글로리아 스완스]

3) 1930년대

1929년 대공항은 직업여성을 다시 가정으로 되돌리려는 기운이 일어남으로써 여성에게 여성다움을 요구하는 태도가 다시 생기기 시작했다. 즉, 1920년대와 같은 젊음과 열정은 무감각하게 받아들여지게 되었고 유행했던 말괄량이 소녀의 모습 대신 성숙하고 세련된 여성의 이미지가 이상적으로 등장하기 시작하였다.

1930년대의 화장은 1920년대와는 다르게 더 진하고 숙련된 기술로 성숙한 분위기를 연출하였다. 얼굴 전체에 파운데이션을 바른 후 턱을 좁게 어두운 색상의 파운데이션을 덧바르고 눈이 움푹 들어가 보이도록 흰색 하이라이트와 검정색이나 청색 아이섀도를 펴 발랐으며 인조 속눈썹과 마스카라를 더하여 강조했다. 입술은 크고 선명하게 반짝이는 빨간 색의 립스틱이나 립그로스로 칠했다. 당시의 경제적 침체라는 어두운 현실에서 도피하고자 하는 사치적 분위기를 반영하여 영화는 아주 중요한 대중문화로 자리 잡았고 사치적인 인식과 가치 형성에 커다란 영향을 주었다. 따라서 1930년대의 여성들은 누구나 화장품을 사용하고 기술을 배워 영화 스타들의 이상적인 모습을 모방하고 추종하였다. 그 당시의 변화된 스타들의 모습은 각이진 어깨와 얼굴, 크게 강조된 눈과 입, 어깨 길이까지 잘 정돈된 헤어스타일로 1920년대의 모호했던 표정에서 윤곽이 뚜렷한 표정과 외모를 지닌 여성의 이미지를 일반 대중에게 확산시켰다. 특히, 그래타 가르보(Greta Garbo)의 신비스러우면서도 이국적이며 냉소적인 모습은 1930년대를 대표했던 스타로서 새로운 미와 행동의 기준이 되었다. 다른 여배우들과 일반 여성들의 이상상이 되었던 가늘고 매우 곡선적으로 그린 아치형의 눈썹과 실제 보다 두껍게 강조한 멘론 립스(melon lips)형태의 입술화장은 그녀의 헤어스타일과 의상과 함께 모방되어졌고 심지어 걸음걸이 까지 비슷하게 하려는 유행이 일었다. 즉, 30년대는 여성의 이상적 유행이 경제적 불황과 침체의 어두운 현실에 의해 진지하고 성인다운 세련됨이 강조되자 화장도 성숙되고 신비한 분위기를 갖는 정교함이 강조되어 거의 모든 여성들에게 획일적으로 모방되었다.

▲ 그림 35 [30년대 대표배우 진할로우]

4) 1940년대

2차 세계대전의 영향으로 여성들의 사회진출이 가속화되고 경제권을 가지면서 화장과 의복, 머리스타일에 대한 흥미와 노력은 계속되었다. 2차 세계대전을 치르면서 유능하고 성숙해야 한다는 가치 성향이 더욱 자극되어 군수품 공장의 힘든 노동에 걸맞는 강한 얼굴이 새롭게 등장하였고, 크게 그린 입술과 힘차게 그려진 눈썹이 일하는 여성의 얼굴에 자리잡았다. 조안 클라우포드(Joan Crawford)와 케사린 헵번(Ketharine Hepburn)과 같은 영화스타들이 이러한 강인한 이미지를 대표하였다. 특히 조안 클라우포드의 입술(Joan Crawfords Lips)이라는 나비 모양의 직선적이며 뚜렷한 입매가 크게 모방되었다. 또한, 전쟁 중에 성적 매력이 강조됨에 따라 당시의 영화배우에 의해 두꺼운 피부화장과 자연스러우면서도 선명한 눈화장, 풍만하고 진하게 강조된 입이 초점이 되었다. 특히 선명하고 반짝이는 빨간 입술과 이에 어울리는 빨간색의 손톱과 발톱을 매치하는 것이 당시 유행하는 화장법이었다. 이와 같이 세련되고 인위적인 신비스러움을 지녔던 1930년대의 이상적 여성미와 달리 2차 세계대전의 발발과 함께 성적 여신(sex goddess)이란 말로 표현되는 육체적으로 관능적인 외모가 1940년대의 이상적인 모습이었다. 화장도 가늘고 신비스러운 긴 눈썹 대신 두껍고 또렷하게 곡선적인 형태를 지닌 눈썹 등 관능적이면서 생동감있는 표현형태가 지배적으로 나타났다. 1940년대 대표배우로는 여배우 리타헤이워드와 베로니카레이크가 있다.

▲ 그림 36 [리타 헤이워드]

▲ 그림 37 [베로니카레이크]

5) 1950년대

1950년대에는 경제적인 안정으로 보수적인 가치관이 사회에 팽배하여 순종적이고 가정적인 여성상이 강조되는 분위기였다. 산드라 디(Sandra Dee), 도리스 데이(Doris Day) 등과 같은 순진하고 소녀적인 이미지가 이전의 관능미와 성숙한 여성의 이미지를 대치하였으며 오드리 햅번(Audrey Hepburn)의 요정같은 우아함 또한 주목을 받으면서 '로마의 휴일'에서의 짧게 커트한 머리 스타일과 굵은 눈썹 화장법이 유행하였다. 문화의 중심이 유럽에서 미국으로 옮겨지게 되며 컬러영화 · TV · 카메라의 등장으로 칼라의 중요성이 더욱 부각되었으며, 화학 기술의 발전으로 새로운 화장품이 개발되면서 눈썹화장용 연필과 아이 섀도우, 여러 색상의 립스틱이 등장하였다. 소피아 로렌(Sofia Villani Scicolone)은 굵고 각 진 검은색의 눈썹과 아이라인을 강하게 치켜 올린 강한 이미지의 메이크업, 마릴린 먼로(Marilyn Monro)의 섹시한 이미지 메이크업 등 영화 스타들의 메이크업이 유행을 주도하였다.

한편, 어린아이 같은 미성숙함과 관능미가 합쳐진 결정체, 즉, 모성애적이고 순진하면서도 애인과 남성에게는 성적으로 유혹하는 요부의 모습을 대표하는 마릴린 먼로의 관능적인 모습 또한 이상적으로 받아 들여 지면서 밝은 금발, 빨간색으로 강조된 윤기 있는 입술화장이 유행하였다. 이러한 그녀의 모습은 남성을 위한 성적 매력의 대상으로서 여성의 아름다움을 상품화하고 전시하는데 큰 영향을 주었다.

이처럼 1950년대의 여성의 미는 영화 스타들의 모습에서와 같이 남성에게 성적으로 매력을 주면서도 순종적인 미가 중요시되면서 화장도 풍만한 곡선을 강조한 눈썹과 관능적인 눈 화장이 강조점이 되었고 선정적으로 붉은 입술 등의 표현 형태가 주도적이었다. 한편 50년대 후반에는 젊은 세대의 새로운 등장으로 여성의 미에 젊음과 자유로움이 부여되면서 화장형태는 점차 다양해졌다. 1950년대의 대표배우로는 마릴린 먼로가 있다.

▲ 그림 38 [마릴린 먼로]

6) 1960년대

1960년대로 접어들면서 화장은 이제까지 영화스타들을 중심으로 한 획일적인 모방에 단계에서 벗어나 연령과 대상이 확대되면서 표현형태와 다양성, 개성이 중시되기 시작했다. 따라서 1950년대까지의 이상적인 여성미를 기준으로 한 획일적인 모방에서 1960년대 이후부터는 미에 대한 기존의 가치 개념에 변화가 이루어져 화장은 사회 구성원에 따라 다양하게 등장하는 미의 표출수단으로 새롭게 전개되었다. 즉 입술화장과 눈썹화장은 흐리게 하고 눈을 강조한 메이크업을 했다. 눈꺼풀에 두꺼운 선과 하이라이트를 주었으며 인조 눈썹도 이중 삼중 사용했고 기하학적이고 장식적인 환타지 메이크업도 등장하였다.

1960년대 중반으로 갈수록 화장은 더욱 장식화되고 극단적으로 전개되어서 대담해졌다. 분홍, 초록, 보라색으로 염색된 기하학적인 가발과 함께 유선형으로 두껍게 그린 아이라인에 흑백을 번갈아 바르고 인조속눈썹에 마스카라를 칠해 더 인위적으로 만든 눈화장이 강조되었다. 이러한 화장은 밝음, 대담함, 짧고 경쾌하게 노출된 신체 등 당시 패션 특징과 조화를 이루면서 더욱 실험적이고 전위적인 이미지를 형성하였다. 1960년대에 미에 영향을 주는 사람들은 영화배우에서 모델로 바뀌었고 모델 트위기(Twiggy)는 어린 아이처럼 크게 강조된 눈, 거의 눈에 띄지 않게 그려진 조그마한 입과 5피트 6인치의 작은 키에 왜소한 체구의 모습에서 초연함, 고뇌, 염세, 현대인의 냉철함의 이미지를 대표하며 전통적인 미의 개념과는 전혀 다른 평범하지 않는 특이함으로 주목되었다.

한편, 히피의 영향으로 자연스러운 메이크업이 유행하기도 하였는데 메이크업을 하지 않은 듯한 아름다움을 표현하기 위해 오히려 더 많은 메이크업 시간이 요구되고 히피의 이국적 취향은 민속적인 패턴과 꽃을 그리는 페이스 페인팅을 유행시켰다.

영화, TV, 잡지로부터의 다양한 이미지가 증가하게 되면서 사진에 찍히는 미는 단순한 효과보다 더욱 새로운 충격을 필요로 하게 되었고, 이제는 디자이너와 아트 디렉터, 헤어 스타일리스트, 메이크업 아티스트, 사진작가의 총체적인 노력의 결과로 생산되는 상품이 되었다.

1960년대의 미는 젊은이들의 새로운 의식과 감성의 등장으로 자유롭고 기하학적이며 심지어 기괴하기까지한 상징으로 나타났다. 남녀 모두에게 중요한 가치로 자리잡게 되면서 화장도 여성의 전유물에서 연령과 성별의 확대를 가져와 각 구성원의 다양한 미적 가치를 표출하는 구체적인 수단이 되었다. 60년대를 대표하는 여성은 트위기가 있다.

▲ 그림 39 [트위기(Twoggy)

▲ 그림 40 [브리짓드 바르도, 재키 캐네디]

7) 1970년대

1960년대의 풍요로운 소비문화는 1973년 석유파동과 인플레 현상 등 경제적 불황으로 인해 사회적으로 침체되어 합리적이고 실용적인 소비 경향이 강해졌다. 1960년대에 극단적으로 강조하던 눈과 창백한 입술 등 실험적인 젊음을 표현하였던 화장형태는 1970년대 중반으로 갈수록 얼굴전체에 풍부한 색조를 부여한 성숙한 이미지로 변하였다. 1960년대의 밝고 혁신적인 시대에서 1970년대는 경제침체로 이어지는 전반적인 사회분위기 속에서 눈썹은 과거 1930년대와 같이 정교하고 얇아졌으며 입술은 외곽선을 뚜렷하게 그리고 반짝이를 칠했다. 또한 1970년대 중반으로 갈수록 미는 1960년대 환상의 창조물에서 사실의 산물, 자연스러운 모습으로 바뀌면서 개성과 다양성이 중요시되기 시작했다.

1970년대의 성적여신(sex goddes of the seventies)으로 대표되는 파라 포셋(Farrah Fawcett)는 활력과 자연스러움의 매력적인 결정체로 자연스러운 화장,어깨에 아무렇게나 드리워진 듯한 캐주얼한 머리모양은 자연스러운 건강미를 젊은 여성들에게 유행시켰다.

1970년대 말에는 노동자 계층의 젊은이들을 중심으로 펑크(punk)라는 하위문화가 형성되었다. 이들은 기성세대에 대한 분노와 사회적 기존질서에 대한 반항과 거부를 공격적이고 불쾌감을 주는 복장과 장식 및 퇴폐적인 이미지의 파괴적이고 무질서한 화장으로 표현하였다. 펑크화장은 남녀의 구분없이 창백하게 표현한 얼굴에 이와 대조되는 검정 색 아이라인과 직선적인 눈썹, 입술은 검은색에 가까운 어두운색으로 표현하여 공격적이고 지폐적인 분위기를 표현하였다.

또한 여성과 남성이 갖는 특성을 부정하지 않고 순수한 아름다움을 가진 자유로운 감성으로 성별을 초월한 하나의 개성적 존재로서의 인간 이미지를 부각시키려는 앤드로지너스(Androgynous)의식의 새로운 화장 형태가 등장하였다. 여성은 짙은 눈썹과 아이라인만으로 눈을 강조하고 짧은 헤어스타일을 하였고, 남성들은 여성과 같이 밝은 색채 화장과 화려한 장신구를 사용함으로써 한가지 성위에 다른 성의 요소를 각각 공유하여 성을 초월하고자 하는 시도가 이루어졌다.

▲ 그림 41 [펑키 감각의 헤어스타일]

8) 1980년대

경제부흥을 이룬 고도 성장기로서 문화전반에 걸친 새로운 변화가 더욱 구체화되어 나타났다. 1970년대에서 1980년대로의 변화를 특징짓는 요소로서 조지아 호웰(Georgina Howell)은 활동의 시대, 삶에 대한 의무와 책임, 신분상징, 부의 축적에 대한 관심, 육체에 대한 숭배, 쾌락주의와 향락주의, 개인주의, 무관심, 디자이너 브랜드의 상표 풍성, 헬스 및 미용에 의한 자기관리, 패스트푸드 음식 등으로 보았다.

1970년대 자연스러움과는 달리 화려하면서도 강한 이미지로 변했다. 개인적인 성공과 프로의식의 중시하며 경제적인 안정과 자유와 여가를 즐기려는 최고의 전문직 집단인 여피(Yuppi:Young Urban Professionals)족이 등장하였으며, 여성들도 전문직에서 남자들과 치열한 경쟁을 하게 되면서 1970년대의 자연스러움과 달리 화려하면서도 강한 이미지로 변하였다. 눈과 입 모두가 강조되었는데 능력과 힘을 상징하는 두껍고 진한 눈썹과 선명한 빨강의 공격적이면서도 단호한 이미지는 남성과 같이 능력있어 보이는 넓게 각진 어깨와 가슴, 힐, 다리 모두를 강조하는 1980년대의 거대한 성인다운 이미지와 교차되면서 더욱 강인한 여성을 부각시켰다.

한편, 브룩 쉴즈(Brooke Christa Shields)가 이제까지 성인의 세계였던 미와 패션의 영역에서 새로운 성적인 매력을 가진 여성의 미를 대표하였는데, 이는 남성이 바라는 성적 자극을 제공하는 상품으로서의 여성의 연령을 점점 저하시키는 경향을 나타내었다. 1980년대 중반에는 복고풍의 영향으로 마돈나처럼 섹시하면서도 진한 화장이 유행하였다. 메이크업은 컬러보다는 피부에 관심을 가지고 자연과 환경을 강조하는 에코로지풍의 영향으로 내추럴 메이크업이 강세를 보였으며 메이크업을 개성을 표현하는 수단으로 사용하였다.

1980년대 후반의 메이크업과 패션은 오존층의 파괴와 지구 온난화 현상,

생태계 의 파괴로 인한 환경문제로 에코로지(ecology)라는 테마가 주로 다루어졌다. 색조화장으로 개성을 표현하기 보다는 자외선 부작용과 피부의 근원적인 문제를 해결하고자 기능성 화장품의 계속적인 개발로 건강하고 자연스러운 메이크업에 초점을 맞추었다.

▲ 그림 42 [스모키 메이크업, 브룩실즈]

9) 1990년대

20세기 과학의 발달은 유전공학과 생명복제 화학 산업의 성장과 환경오염, 원자력 발전과 핵무기, 지구 온난화와 생태계 파괴 등 인류 문명의 비약적인 발전과 더불어 그에 따른 부작용이 대두되었고 환경문제는 인류가 풀어야할 공동과제로 인식되었다. 또한 교통수단과 전자통신의 발달, 컴퓨터의 급속한 보급과 함께 인터넷 확산으로 글로벌리즘(Globalism)현상을 낳게 하였다. 또한 모더니즘의 형식적이고 극단적인 합리주의에서 벗어나 다양성, 개성이 존중되는 다원주의 사회로의 이행을 위한 노력은 화장을 포함한 전반적인 패션의 분야에서도 비합리성과 전통성에의 회복, 다른 시대 다른 문화로부터 양식과 이미지를 차용하려는 경향이 나타났다. 따라서 1990년대 초의 화장 경향은 1930년대 장 홀로우(Jean Hollow)의 짙고 붉은 입술, 1940년대 라나 터너(Lana Turner)의 뚜렷한 눈매, 오드리 헵번(Audrey Hepbern)의 굵게 강조된 눈썹, 브리짓 바도(Brigitte Bardot)의 가짜 속눈썹과 반짝이는 분홍빛 입술 등 모든 과거의 스타일이 개인에 따라 자유롭게 선택되었다. 이와 함께 과거의 것을 단순히 모방하기 보다는 과거의 이미지를 혼성모방하여 더욱 새롭게 발전시키려는 경향으로 다양하게 시도되었으며 이국적인 민속감각인 에스닉 메이크업이나 오리엔탈풍의 메이크업의 등장으로 포스트모더니즘의 다원화된 사고를 표출하였다.

1990년대 초반에는 환경과 생태계의 보존이 심각한 문제로 제기되면서 재활용(Recycle),생태학(Ecology)이 중요한 테마로 등장하여 천연소재를 사용한 자연스러운 질감과 색상에 대한 선호가 레이어드, 그런지(Grunge), 네오히피 스타일, 오리엔탈리즘, 내츄얼리즘 등 여러 가지 요소들이 서로 융해되어 다양하게 제시 되었다. 이에 조화를 이루는 화장경향으로 색조가 엷어지고 가벼워졌으며 과거의 히피풍을 재현하여 투명하고 거의 그리지 않아 희미하게 보이는 엷은 눈썹과 흐린 입술색이 주조를 이루었다.

1990년대 중반으로 가면서 여성들은 다시 진하고 화려한 화장을 해 관능적이고 육감적인 여성스러움을 스스로 즐기게 되었다. 즉, 화장은 힘과 능력을 표현하려는 기존의 방패로서 혹은 남성에게 성적 매력을 주기위한 강조에서 벗어나 여성 스스로의 만족과 즐기기 위한 더욱 자유로운 표현이 나타나게 되었다.

1990년대 말에는 새로운 21세기에 대한 기대감으로 하이테크놀로지 이미지를 메탈릭한 칼라를 사용한 사이버 룩으로 선보였고 타투(tattoo)와 보디피어싱(body piercing)은 젊은이들 층에서 많은 인기를 끌게 되었는데 에스닉에 대한 관심고조와 함께 힙합 패션이 유행되었다. 이 시대의 메이크업은 1980년대의 여성의 사치적 힘과 능력을 과시하고, 이성에게 매력을 주기 위한 수단에서 벗어나 인간의 자유로운 감성을 다양하게 나타냈다.

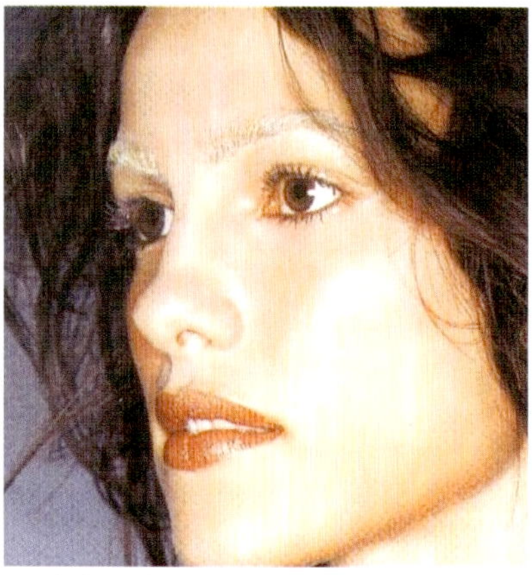

▲ 그림 43 [에콜로지풍의 메이크업]

▲ 그림 44 [1990년대 세기말적인 메이크업]

10) 2000년대

2000년 초 메이크업은 1990년대에 이어 계속되는 환경문제의 관심으로 인간 본연의 아름다움을 강조한 내츄얼 메이크업이 유행되었다. 따라서 자연스러운 피부화장을 표현하기 위해 립스틱은 핑크 베이지, 살구색 등을 사용하였고 볼은 혈색을 강조하여 자연스러운 건강미를 나타내는 것이 특징이다.

2001년에는 밀레니엄 시대에 맞는 현대적인 감성으로 글로시한 메이크업이 크게 유행하고 그을린 듯한 피부 톤의 효과를 위해 어두운 색 파운데이션과 펄을 사용하여 글로시한 건강미를 돋보이게 하였다. 특히 다양한 인조 속눈썹은 개성 표현을 위한 새로운 아이템으로 부각되었으며 표정있는 눈매를 연출하였다. 2002년 가을에는 스모키(smokey)메이크업이 유행하였는데 이는 1920년대 아이 메이크업의 차용으로 모노톤의 아이섀도와 검정 펜슬을 사용하여 눈 언저리를 어둡게 함으로써 신비롭게 표현하였다. 스모키 메이크업은 다소 과장되어 그로테스크적인 느낌으로도 표현되었다.

현대 메이크업은 주제와 소재의 수용범위를 넓혀 다양한 메이크업 영역을 확보하고 창조적이며 예술적으로 표현됨으로써 예술분야의 독자적 영역으로 자리 매김하였다. 2003, 2004년 추동 컬렉션에는 1980년대 패션 스타일의 스타일이 재해석되어 나타났다. 생활방식, 연령, 성에 대한 구분보다 인간으로서의 삶의 가치에 중점을 둔 21세기의 가치 성향을 반영하였다. 기존의 가치관의 해체에 따른 앞으로의 메이크업 스타일은 여성과 남성의 구분이 모호한 앤드로지너스적인 메이크업이 현대적 감성에 부하되는 새로운 감각으로 나타날 것으로 예측된다.

2000~2008년대 화장문화는 1990년대 말부터 이어져 오던 다양한 개성의 연출이 더욱 심화되어 나타나는가 하면 지금까지 시도된 다양한 트렌드들이 공존, 조화를 이루며 전개되었다. 새롭게 제시된 것이 있다면 외국의 메이크업 아티스트들에 의해 자연스러우면서도 고급스러운 스타일들이 저마다 제

안된 것이라 할 수 있다. 다국적 메이크업 브랜드로 알려진 맥(MAC),스텔라, 베네핏, 바비브라운, 슈에므라, VDVC(이경민) 등 메이크업 브랜드가 국내에서도 반영되었다.

▲ 그림 45

▲ 그림 46

▲ 그림 47

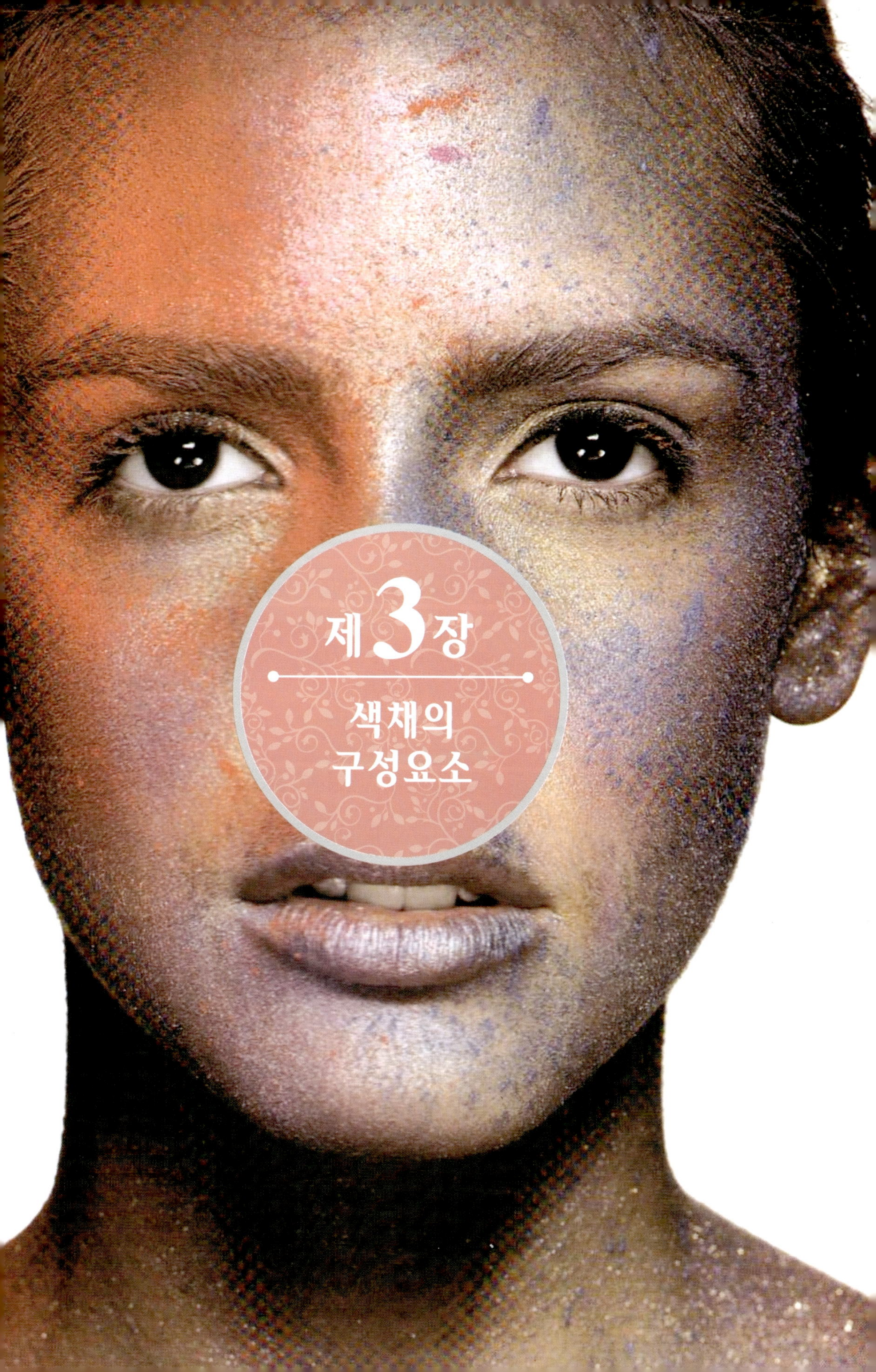

제 3 장

색채의 구성요소

1. 색의 3속성 : 색상, 명도, 채도

색이란 : 시간적으로 변화가 있으며, 공간적으로 일정한 장소를 점유하고 있는 존재를 말한다. 색의 용법에는 두 가지가 있는데, 넓은 뜻으로는 모든 물질적 존재 · 대상 전반을 총칭한다.

1) 색상(Hue: H)

사물을 봤을 때 색채를 구별하는데 필요한 색의 특징이나 명칭, 명도, 채도

2) 명도(Value: V)

그레이 스케일(Gray Scale)

색의 밝고 어두운 정도, 고명도, 중명도, 저명도, 유채색, 무채색 모두에 있다

3) 채도(Chroma: C)

색의 맑기나 색의 선명도, 즉 색채의 강하고 약한 정도로 순색, 청색, 탁색을 의미한다.

순색: 채도가 가장 높은 색

청색: 다른 색이 섞이지 않은 순색에 흰색이나 검정색을 섞은 색

탁색: 순색에 회색을 섞은 색

2. 각 톤의 색별 그룹표

1) 동일한 명도, 동일한 색을 그룹화

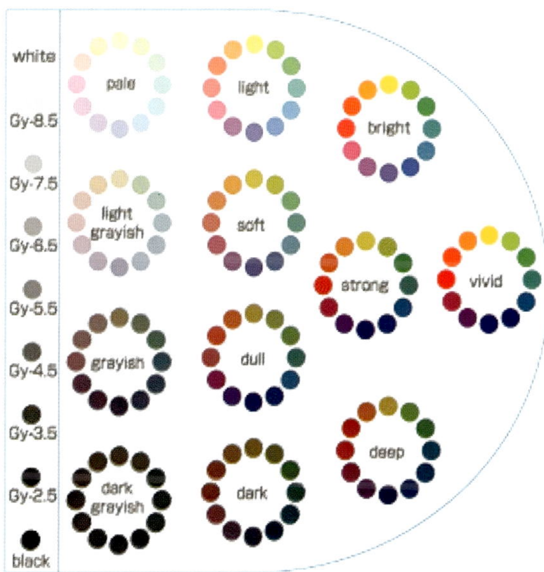

2) 톤의 이미지

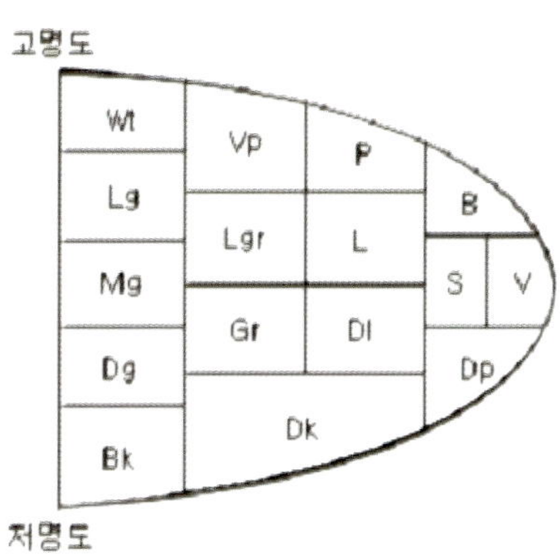

해맑은	Vivid
밝은	Light
짙은	Deep
연한	Pale
칙칙한	Dull
어두운	Dark
아주 연한	Very pale
밝은 회	Light grayish
어두운 회	Dark grayish
아주 어두운	Very dark

3. 색과 심리

1) 색의 연상과 상징

(1) 색의 연상

연상이란 어떤 것을 보거나 듣거나 생각하는 행위를 통해 그것과 연관이 있는 사건이나 경험을 떠올리는 일이다. 연상은 기본적으로 개인이 의식하고 있는 지식, 경험, 사상, 희망 또는 기분과 같은 내면적인 요인에 근거한다.

(2) 관념연합

어떤 관념으로부터 다른 관념을 끌어내는 것이다. 아래 그림을 보고 빨간색- 하와이-즐거운 추억으로 연상할 수 있다.

▲ 그림 1

보편적인 연상 이미지: 민족, 문화를 뛰어넘어 인류에게 공통된 이미지를 말한다.

문화적 연상 이미지: 같은 문화권에서 살고 있는 사람이 공통된 체험 속에서 얻어지는 이미지이다. 서양 문화권에서 흰색은 순결한 신부를 상징하여 화려한 웨딩드레스에 사용되지만, 동양에서는 죽음의 색으로써 장례식을 대표하는 색이다.

에피소드 연상 이미지: 개인의 생활 체험에서 비롯된 감정이나 이미지를 말한다.

(3) 구체적 연상어와 추상적 연상어

빨 강	노 랑	초 록	파 랑
태양 · 우체국 딸기 · 소방차	레 몬 · 신 호 바나나 · 계란노른자	산 · 멜론 개구리 · 칠판	하늘 · 바다 아 침 · 청량음료
정열 · 승 리 애정 · 반 항	기 쁨 · 쾌 락 농 담 · 웃 음	자 연 · 조 화 평 화 · 친 절	이 상 · 과 학 확 신

▲ 그림 2 [뭉크(절규), 바자렐리(MAJUS MC), 피카소(인생)]

(4) 유채색은 연상이 강하며, 무채색은 추상적인 연상이 나타난다

유채색의 연상 언어

	밝은색의 경우	순색의 경우	어두운색의 경우
빨간색	행복, 봄, 온화함, 젊음, 순정	기쁨, 정열, 강렬, 위험, 혁명	힘, 답답함, 무거움
주황색	따뜻함, 기쁨, 명랑, 애정, 희망	화려함, 약동, 무질서, 명예	가을, 풍요, 칙칙함, 노후됨, 엄격, 증후함
노란색	미숙, 활발, 소년	황제, 약동, 무질서, 명예	신비, 풍요, 어두움, 음기
연두색	초보적인, 신록, 목장, 초원	생명, 사랑, 산뜻, 소박	안정, 차분함, 자연적인
초록색	양기, 온기, 명랑, 기쁨, 평화, 희망, 건강,안정, 상쾌, 산뜻	희망, 휴식, 위안, 지성, 고독, 생명	침착, 우수, 심원함 (깊은숲, 바다, 산 등 연상)
파란색	젊은, 하늘, 신, 조용함, 상상, 평화	희망, 이상, 진리, 냉정, 젊음	어두움, 근심, 쓸쓸함, 고독, 반성, 보수적
남 색	장엄, 신비, 천국, 환상, 차가움	차가움, 영국왕실, 이해	위엄, 숙연함, 불안, 공포,고독, 신비
보라색	귀인, 고풍, 고귀, 우아, 부드러움, 그늘, 실망, 근엄	고귀, 섬세함, 퇴폐, 권력, 도발	공포, 불안, 무거움
자주색	도회적, 화려함, 사치, 섹시	궁중, 왕관, 권력, 허영	신비, 증후, 건실, 고풍, 고뇌, 우수, 칙칙함

무채색의 연상 언어

	연 상 언 어
흰 색	청순, 결백, 신성, 웨딩드레스, 청정
회 색	평범, 소극적, 차분, 쓸쓸함, 안정, 스님
검은색	밤, 약함, 강함, 신비, 정숙, 슬픔, 불안, 상복, 모던, 장엄함, 죽음, 공포

(5) 계절의 연상과 배색

봄: 밝은 톤으로 구성

여름: 원색과 해맑은 톤으로 구성

가을: 봄의 색조와 강한 대비를 이룬다

겨울: 차고, 후퇴, 희박성을 내는 회색톤으로 구성

[봄]

신선하고 밝고 맑은 색이 주조색

(연두, 노랑)

고명도의 연분홍, 연파랑, 연보라 등의 파스텔톤: 봄의 부드러움과 가벼운 느낌 표현

[여름]

화려한 색채, 녹색과 파랑 등의 고채도의 색이 주조색

강렬함을 상징하는 빨강도 보조색으로 사용

보색대비가 두드러지게 나타남

깨끗함을 상징하는 밝은파랑, 청록도 사용

[가을]

붉은 단풍의 영향

오렌지색, 황금색, 황갈색 등이 주조색

저명도, 저채도의 난색계통으로 구성

차분하고 칙칙한 Dull톤이 많이 사용

[겨울]

한색계통과 은백색, 회색 등이 주조색

명도대비를 통한 명확한 느낌

정적이며 차분한 느낌이 들게끔 저채도의 한색이 많이 이용

4. 색의 상징

상징은 눈에 보이지 않는 추상적인 관념이나 현상을 형태나 색을 가진 다른 것으로 직감적으로 알기 쉽게 치환하여 나타내는 것을 뜻하다. 색의 상징성은 심리적 활동을 통한 정서적 반응과는 달리 사회적 규범이나 약속언어로의 기능을 가진다. 색의 상징성에는 언어로는 표현하기 어려운 공간 감각이나 시대적, 사회적, 종교적, 규범과 같은 추상적 개념을 색으로 투영시키는 특징이 있다.

국기의 상징색 :

일본의 국기(빨강)->서구태양(노랑)->텔레토비(태양-노랑)

신분, 계급의 구분 :

유럽 기사의 전통 소속집단이나 지위를 어깨의 문장으로 나타내었다.

방위의 표시 : 인도의 방위->동(흰색),서(검정),남(노랑),북(빨강)

기독교 종교화의 상징색 :

성모 마리아(파랑->천국과 진실의 상징, 빨강->그리스도의 피,수난을 상징)

카톨릭 교회(빨강->자비와 동포애)

서울시의 상징색 : 단청 빨간색 등

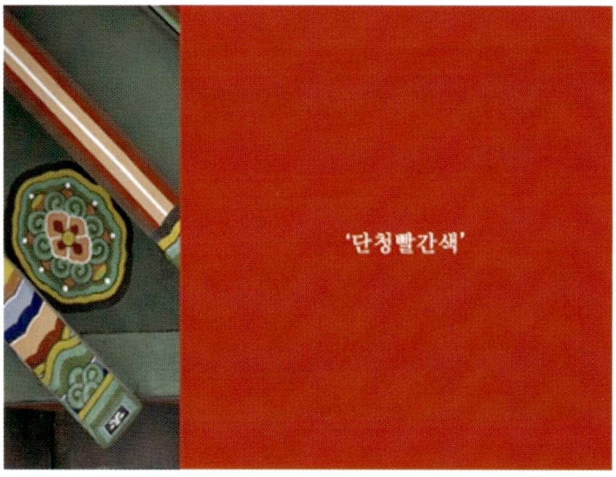

5. 색채 이미지와 메이크업

배색 이미지 스케일은 스케일 상에서 서로 비슷하거나 반대되는 이미지를 형용사와 관련하여 배색한 것이다.

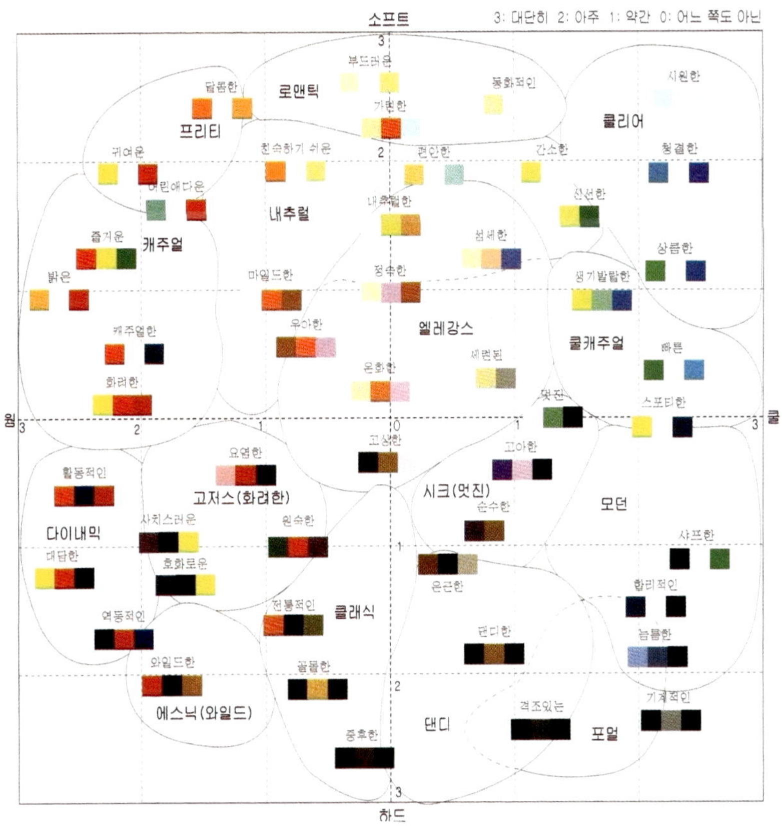

1) 다이나믹(Dynamic) 이미지

동적인, 에너지를 내는, 활동적인, 강렬, 격렬, 충격적인

다이나믹한 느낌 : 강렬하다, 활동적이다

2) 고져스(Gorgeous)의 이미지

호화스러운, 화려한, 찬란한, 눈부신, 멋진, 굉장한, 훌륭한

고져스의 느낌: 호화스럽다, 사치스럽다, 화려하다, 화사하다.

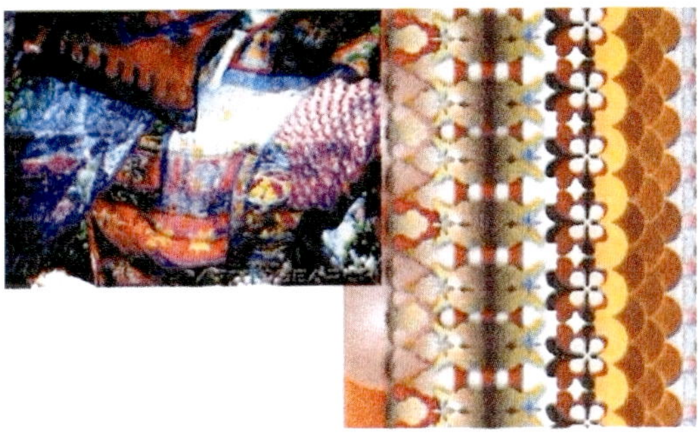

3) 에스닉(Ethnic) 이미지

인종의, 민족의, 민족특유의,

에스닉(Ethnic)의 느낌 : 토착적인, 맵다, 쓰다, 시다, 이국풍이다.

4) 모던(Modern) 이미지

현대식의, 새로운, 최신의, 현대적인

모던한 느낌 : 샤프하다, 지적인, 기계적이다, 세련되다.

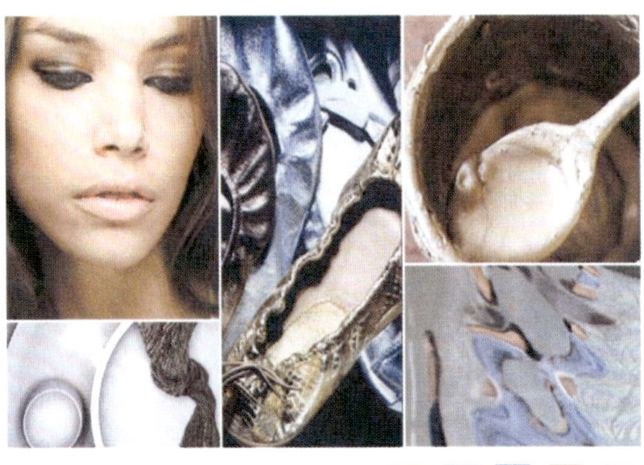

2008 FW
MAKE UP COLOR

5) 클래식(Classic) 이미지

일류의, 최고수준의, 고전의, 유서깊은, 권위있는, 정평이 있는, 모범적인, 유행에 매이지 않는

클래식의 느낌 : 중후하다, 변화가 없다, 보수적이다, 남성적이다.

6) 전통적인(Traditional) 이미지

전통의, 전통적인, 고풍의, 전설의, 전승의, 구식의

전통적인 느낌 : 중후하다, 변화가없다, 남성적이다, 보수적이다.

7) 로맨틱(Romantic) 이미지

낭만적인, 소설적인, 소설에 있음직한, 공상에 잠기는, 공상적인, 몽상적인, 비실제적인

로맨틱의 느낌 : 천진난만하다, 나긋나긋하다, 부드럽고 온화하다, 평온하다, 침착하다, 꿈같은, 미래적이다.

8) 엘리건트(Elegant) 이미지

품위있는, 우아한, 고상한

엘리건트의 느낌 : 우아하다, 차분하다, 여성적이다.

9) 내추럴(Natural) 이미지

자연의, 천연의, 자연그대로의, 가공하지 않은

내추럴의 느낌 : 평화롭다, 안락하다, 소박하다, 가정적이다, 친밀하다, 한가하다.

10) 프리티(Pretty) 이미지

예쁜, 귀여운, 칩한, 조촐한, 예쁘장한

프리티의 느낌 : 귀엽다, 어리다, 달콤하다, 깜찍하다.

11) 클리어(Clear) 이미지

밝은, 맑게 갠, 선명한, 빛나는, 순수한

클리어의 느낌 : 순수하다, 청결하다, 청초하다, 상쾌하다, 냉정하다, 담백하다, 깔끔하다, 산뜻하다.

12) 캐쥬얼(Casual)의 의미

우발적인, 뜻밖의, 무심결의, 격식을 차리지 않는, 약식의

캐쥬얼의 느낌 : 활기차다, 즐겁다, 유쾌하다, 재미있는, 의외이다.

ADVERTORIAL

제 4 장

메이크업의 도구 및 기초이론

1. 메이크업의 기본도구

1) 스펀지 (Sponges)

파운데이션이나 메이크업베이스를 펴 바를 때 사용하는 도구이다. 손으로 얼굴에 바르는 것보다 위생적이며 뭉치지 않게 골고루 펴주는 역할을 하며 밀착력과 커버력을 높여준다.

· 라텍스 스펀지(Latex Sponges)

천연 생고무를 원료로 만들어졌으며 사용한 곳은 가위로 잘라서 다시 사용한다.

· 합성 스펀지 (Complex Sponges)

인조 원료로 만들어진 제품으로 유분의 흡수력은 떨어지나 입자가 곱고 탄력성이 좋으며 행태보존력이 우수하다. 사용 후 비눗물로 세척하여 사용한다.

· 해면 스펀지 (Sea Sponges)

물에 담그면 부드러워지는 천연 스펀지로 팬케이크 타입의 파운데이션 사용시 편리하다. 사용 후 비눗물로 세척하여 사용한다.

* 제4장 메이크업의 도구 및 기초이론에서 [그림1]~[그림9]를 제외한 그림들은 MAC, 2009 스프링 신제품 소개 홍보 자료에서 인용하였음.

2) 분첩 (Powder Puff)

파운데이션을 바른 후 파우더를 바를 때 사용하는 도구로 얼굴에 유분과 수분을 없애기 위해 사용하는 도구이다. 순면의 재질로 유분기가 많은 볼부터 시작하여 턱, 이마, 코, 눈가, 코밑, 눈밑 등의 순서로 눌러준다. 사용 후 미지근한 물에 중성세제를 사용해 세탁한다.

3) 브러쉬 (Brushes)

브러쉬는 메이크업 시술시 아주 중요한 도구이다. 재질은 동물의 털로 만든 천연모(담비털, 오소리털, 족제비털, 염소털)와 합성모가 많이 쓰인다. 브러쉬는 사용 후 털어서 보관을 해주고 더러워지면 중성세제에 세척 후 흐르는 물에 깨끗이 헹구어 그늘에서 물기를 말려주거나, 브러쉬 전용 클리너로 세척한다.

(1) 파우더 브러쉬 (Powder Brush)

얼굴전체에 파우더를 가볍게 바르거나파우더의 잔여물을 털어내어 파우더를 정리할 때 사용한다. 브러쉬 중 가장 크고 털이 많으며 끝이 둥글고 부드러운 브러쉬가 좋다.

파우더 브러쉬

대형 파우더 브러쉬

파우더블러쉬 브러쉬

(2) 파운데이션 브러쉬 (Foundation Brush)

파운데이션을 얼굴전체에 바를 때 사용하는 브러쉬로 모공이 넓은 피부에 사용하면 여드름 자국, 흉터, 팔자 주름, 미간 등 작은 모공 속까지 스펀치보다 골고루 바를 수 있는 장점이 있다.

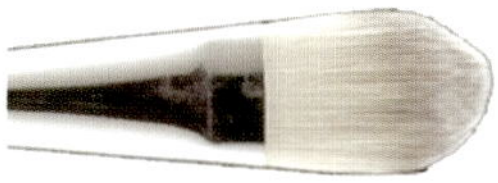

파운데이션 브러쉬

(3) 팬 브러쉬 (Fan Brush)

부채꼴 모양으로 생겼으며, 파우더나 섀도 잔여물을 떨어주거나 화장을 마무리 할때 사용한다.

듀오 화이브 팬 브러쉬

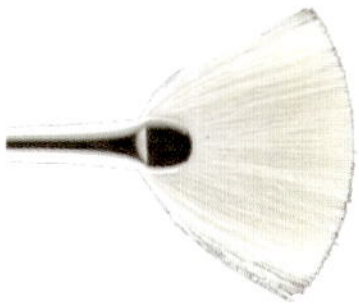

더스티 브러쉬

(4) 치크 브러쉬 (Ceek Brush)

파우더 브러쉬보다 조금 작은 브러쉬로 볼화장이나 얼굴 윤곽 수정할 때 사용하는 브러쉬로 털이 풍성하고 부드러울수록 화장이 자연스럽게 표현한다.

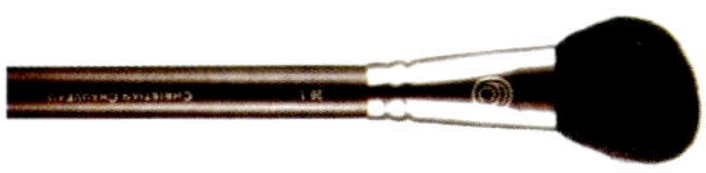

치크 브러쉬

(5) 아이브로우 브러쉬 (Eyebrow Brush)

아이섀도로 눈썹의 공간을 채우거나 눈썹의 선을 살릴때 사용하며, 사선형태의 경사져 있으며, 돼지털로 만든 것이다.

스몰 엥글드 브로우 브러쉬

스몰 엥글 브러쉬

(6) 아이섀도 브러쉬 (Eye Shadow Brush)

눈두덩이 전체를 펴 바를때 사용하며, 용도에 따라 베이스, 메인, 포인트 브러쉬로 구분해 사용한다.

블랜딩 브러쉬

스몰 쉐이더 브러쉬

아이 쉐이더 브러쉬

(7) 팁 브러쉬 (Tip Brush)

아이 섀도 색을 선명하게 포인트 컬러로 표현할 때 사용한다.

리플레이서블 스폰지 팁

(8) 아이브로우 콤 (Eyebrow Comb)

눈썹을 정리하거나 마스카라를 벗어 자연스럽게 하는데 사용한다.

래쉬 브러쉬

아이브로우 콤

(9) 립브러쉬

입술 화장시 립스틱을 골고루 바르기 위해 사용하며 털이 탄력과 힘이 모아져 있는 것이 좋다.

리트렉터블 립 브러쉬

립 라이너 브러쉬

(10) 아이라이너 브러쉬 (Eyeliner Brush)

가장 가는 브러쉬로 섬세하게 그릴 때 사용되며, 끝이 힘이 있는 것이 좋다.

프리사이즈 아이 라이너 브러쉬

2. 베이스 메이크업

1) 메이크업 베이스 (Make-up Base)

메이크업 베이스는 피부 전체톤을 균일하게 마무리하여 피부 화장하기 전에 얼룩짐이 없이 파운데이션을 오래 지속시키기 위해 사용한다.

(1) 베이스의 종류

종　　류	특　　징
리퀴드 타입 (Liquid Type)	수분을 많이 함유하고 있는 제품으로 중성이나 지성피부에 적합하다.
크림 타입 (Cream Type)	리퀴드 타입보다 커버력이 강해서 기미나 주근깨 등 잡티가 많은 피부에 적당하다.
스틱 타입 (Stick Type)	커버력이 가장 우수하며 특별한 결점을 커버하고자 할 때 부분적으로 사용하는 것이 좋으며, 주로 분장이나 스테이지 분야에서 사용된다.

(2) 베이스 색에 따른 효과

색　　상	특　　징
녹　색 (Green)	피부색이 붉거나 기미, 여드름 등 잡티가 많은 피부를 커버한다. 가장 일반적으로 많이 사용한다.
핑크색 (Pink)	피부색이 창백한 경우, 혈색을 보완하여 화사한 피부색으로 표현할 수 있다.
보라색 (Perple)	피부의 노란기를 제거할 때 사용, 파티 웨딩 메이크 업, 피부톤 밝고 화사하게 표현할 수 있다.
파랑색 (Blue)	기미, 주근깨, 잡티가 많은 피부, 어두운 피부를 희게 표현한다.
흰　색 (White)	피부를 밝고 투명하게 표현한다. 백인종이 많이 사용한다.
오렌지 (Orange)	햇빛에 그을린 듯한 피부 톤 연출 시에 좋다.
노랑색 (Yellow)	검은 피부를 중화시켜 밝게 표현한다.

2) 파운데이션

파운데이션은 피부색을 일정한 톤으로 조절하여 결집을 커버한다. 파운데이션 색상은 얼굴의 윤곽을 수정하고, 외부의 자극에 피부를 보호하는 기능이 있다. 파운데이션을 통해 피부를 덮어 잡티를 커버하고 화사하게 표현할 수 있으며 농도 조절을 해 사용한다.

(1) 파운데이션 종류

종 류	특 징
무스타입 파운데이션 (Mouss Foundation)	거품 타입으로 흡수력이 좋고 사용감이 가벼운 제품으로 맑고 투명한 피부 표현에 좋다. 커버력이 가장 약하며 지성피부나 깨끗한 피부에 좋다.
리퀴드형 파운데이션 (액상타입) (Liquid Foundation)	수분 함유량이 많아 촉촉하며 투명감이 있어 자연스러운 화장을 할 수 있다. 피부에 부담감을 적게 주므로 모든 피부에 적합하고 수분이 부족한 봄철에 많이 사용한다.
크림형 파운데이션 (Cream Foundation)	수분보다는 유분 함유량이 높은 것이 특징이며 리퀴드 파운데이션보다는 커버력이 우수하다. 사용감이 부드러워 건성피부에 적당하다.
스틱형 파운데이션 (Stick Foundation)	기미나 잡티 커버에 좋으며 다른 제품에 비해 두터운 느낌을 주는 것이 단점이다.
케익형 파운데이션 (Cake Foundation)	매트한 탑의 파운데이션으로 커버력이 좋고 화장을 오래 유지시켜 주며 사용법이 간편하다. 쉽게 건조해지며 장시간 사용시 잔주름이 생길 수 있다. 커버력이 우수하고 지성피부에 적합하다.
팬 케이크 (Pan Foundation)	물 또는 유연 화장수와 같이 사용한다. 방수성과 내수성이 우수하며 지속력이 뛰어나 장시간 조명을 받는 스테이지 메이크업에 적당하다. 색의 혼합이 쉽지 않은 단점이 있다.

스튜디오 스컬프트 파운데이션

스튜디오 테크 파운데이션 (크림 타입)

스튜디오 퍼펙트 파운데이션 (파우더 타입)

스튜디오 픽스 플루이드 파운데이션 (리퀴드 타입)

3) 컨실러

눈밑의 다크 서클, 기미, 주근깨, 점 등의 잡티 커버에 효과적으로 커버하는 데 사용한다. 피부톤보다 1~2톤 밝은 컬러를 사용하는 것이 좋다.

(1) 컨실러 종류

· **리퀴드 타입** : 수분함량이 많고 자연스러운 피부 표현에 적합하다

셀렉트 커버-업

· **크림 타입 :** 쉽게 퍼지고 커버가 확실하게 된다. 브러쉬에 묻혀 사용한다.

스튜디오 피니쉬 컨실러

· **스틱 타입** : 매트하고 질감이 커버력은 우수하나 잘 펴 발라지지 않는 단점이 있다.

셀렉트 모이스처 커버

· **팬슬 타입 :** 점, 여드름 등과 같이 결점부위가 작고 그 부분만을 커버할 때 사용하며 자칫 화장이 뭉칠 수 있다.

스튜디오 터치-업 스틱

4) 파우더

파운데이션을 피부에 밀착시키고 오래 지속시키는 역할을 하며, 피부의 유분을 흡수하여 화사하고 투명하게 연출해 준다. 또한 외부의 먼지나 공기중의 유해한 환경과 자외선으로 피부를 보호해준다.

(1) 파우더의 종류

종 류	특 징
루스파우더 (Loose Powder)	가루분 자체를 루스 파우더라 하며 색상이 다양하다. 루스 파우더는 입자가 고와서 얇게 발라지는 장점이 있는 반면, 가루분이 날릴 수 있음으로 휴대하기가 불편한 단점이 있다.
프레스트 파우더 (Pressed Powder)	파우더를 고형화하여 용기에 담아 압축한 상태의 파우더를 뜻한다. 루스 파우더에 비해 색상 표현력과 약간의 커버력이 있으며 휴대가 간편하다. 수정 화장시에 효과적이며 덧바를 때에는 유분을 티슈로 제거한 후 사용하는 것이 좋다.
입체 파우더	기본 파우더를 바른 후 보다 생기 있고 입체적인 표현을 위해 덧발라주는 파우더로 알갱이 타입의 구슬파우더와 여러가지 색상이 섞여있는 모자이크 파우더가 있다.

셀렉트 쉬어(프레스드)

이리데슨트 파우더(루즈)

하이퍼리얼(프레스드)

셀렉트 쉬어(루즈)

블럿 파우더

블럿 파우더(루즈)

브론징 파우더

블럿 루즈 파우더

미네랄라이즈 루즈파운데이션(루즈파우더 타입)

(2) 파우더 색에 따른 효과

종 류	특 징
투 명	파운데이션의 색을 그대로 표현해 주며 자연스러운 피부 표현에 좋다.
핑 크	창백한 피부에 혈색을 부여하고 화사한 느낌을 주며 신부 메이크업에 사용한다.
보 라	화사한 피부를 표현해 주며 칙칙한 피부나 파티 메이크업에 효과적이다. 화려한 이미지 연출할 때 사용한다.
오렌지	까무잡잡한 피부를 강조할 때 사용하며 선탠 피부나 쇼 메이크 업시 사용한다. 건강한 혈색 표현.
펄	쉬머 메이크업이나 글로시한 느낌을 표현할 때 사용한다.

3. 아이 메이크업

1) 아이브로우 (Eye Brow)

메이크업에 있어 인상을 좌우하는 큰 부분이 눈썹화장이라고 할 수 있듯, 눈썹은 얼굴표정이나 이미지를 바꿀 수 있다. 눈썹이 올라가면 날카로운 인상을 남에게 줄 수 있으며, 눈썹이 처지게 되면 온순하게 또는 어수룩하게 보일 수도 있다. 눈썹은 그 행태나 각도, 굵기의 정도에 따라 자유롭게 이미지를 변화시킬 수 있다.

(1) 제품의 종류

· **펜슬 타입 (Pencil Type)** : 눈썹을 선명하게 그릴 수 있으나 자칫 인위적으로 보일수 있다. 또한 깍아서 사용해야 하는 번거로움이 있다.

· **케익 타입 (Cake Type)** : 자연스럽게 눈썹을 그릴 수 있으며 섀도 색상을 섞어서 원하는 눈썹 색상을 만들 수 있다.

· **액상 타입 (Liqued Type)** : 지속성이 우수하며 선명한 눈썹을 그릴 때 좋다.

브로우 피니셔

아이 브로우

브로우쉐이더

브로우세트

(2) 색상에 따른 효과

· **브라운 (Brown)**

지적이고 세련된 이미지와 부드럽고 여성스러운 느낌을 준다. 따라서 건강하고 약간 그을린 피 부에 어울린다.

· **그레이 (Gray)**

차분하고 자연스러운 느낌을 주며 누구에게나 무난하게 어울린다.

· **블랙 (Black)**

개성적인 느낌을 주며 눈이 크고 피부가 흰 사람에게 잘 어울린다.

(3) 눈썹 모양에 따른 이미지

· 표준형 눈썹

기본적인 눈썹 모양으로 누구에게나 무난히 잘 어울린다.

· 각진 눈썹

지적인 느낌을 주며 단정하고 세련되어 보인다. 이러한 눈썹은 둥근 얼굴이나 얼굴의 길이가 짧은 사람에게 잘 어울린다.

· 둥근 눈썹

매혹적이면서 우아하고 여성적인 느낌을 준다. 이마가 넓은 얼굴형에 잘 어울린다.

· 상승(화살)형 눈썹

동적이며 야성적인 느낌을 주며, 둥근 얼굴이나 개성없는 얼굴에 적합하다. 눈썹을 짧게 그려 주는 것이 포인트이다.

· 수평(직선)형 눈썹

젊고 활동적인 느낌을 주며, 긴 얼굴이나 폭이 좁은 얼굴에 잘 어울린다.

· 짧은 눈썹

명랑하고 어린 느낌으로 얼굴 폭이 좁고 코 길이가 긴 사람에게 어울린다. 눈의 길이와 거의 비슷하게 그려준다.

(4) 눈썹 수정하는 법

눈썹은 그 사람의 인상을 결정하는 중요한 역할을 하기 때문에 깨끗한 이미지를 심어주어야 한다. 눈썹의 굵기는 눈썹머리가 가장 넓고 눈썹 산에서 눈썹 꼬리 쪽으로 향할수록 가늘어지는 것이 바람직하다.

눈썹 면도하기

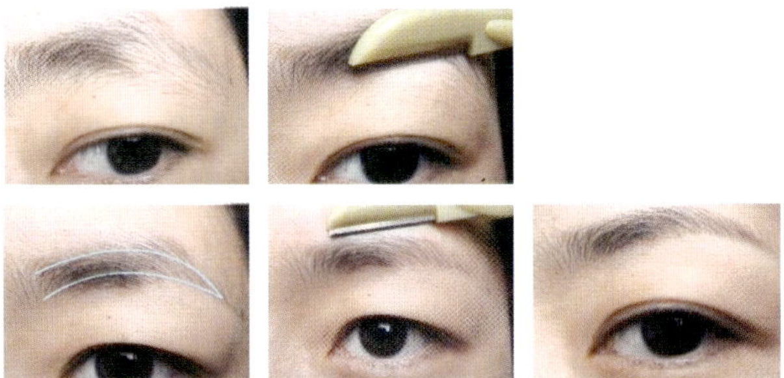

▲ 그림 1

눈썹 다듬기

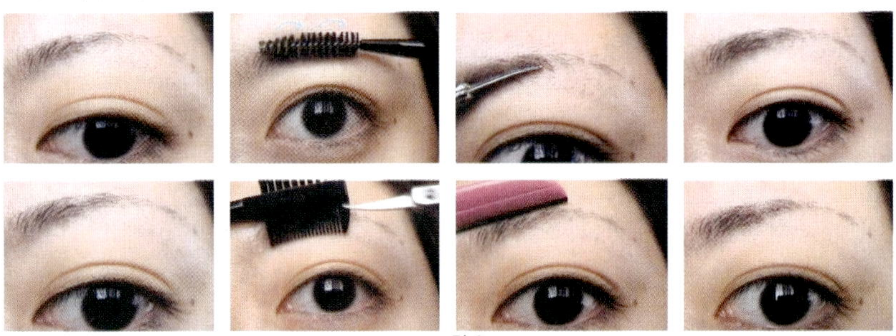

▲ 그림 2

눈썹 그리기

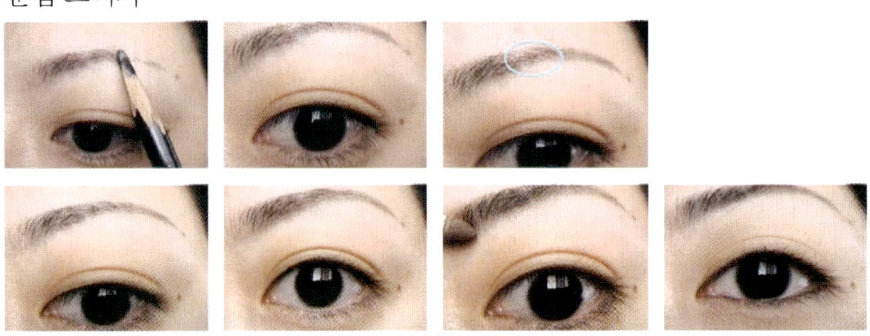

▲ 그림 3

2) 아이섀도 (Eye-Shadow)

아이섀도는 눈에 음영을 만들고 입체감을 주어 눈매를 수정하고 보완하는 역할을 한다. 또한 색이 가지고 있는 감정을 이용하여 다양한 이미지를 연출할 수 있다. 아이섀도의 색상을 선택할 때는 전체적인 의상 색이나 립 메이크업, 볼 터치 색상과의 조화를 고려해야 한다.

(1) 아이섀도의 종류

· 케익타입(Cake Type)

가장 일반적인 제품으로 색상이 다양하며 그라데이션이 용이하나 지속력이 떨어지는 단점이 있다.

· 크림타입 (Cream Type)

발색효과가 뛰어나며 색상이 선명하다. 크림타입의 섀도를 사용한 후에는 같은 색의 케익 섀도나 파우더로 고정을 해주면 지속력을 높일 수 있다.

· 펜슬타입 (Pencil Type)

간편하게 화장할 수 있으며 포인트 메이크업이나 선적인 느낌을 표현할 때 효과적이다. 그라데이션이나 부드러운 색상 표현은 힘들다.

· 파우더타입 (Powder Type)

펄 타입이 많으며 광택을 부여하고자 할 때 사용하나 눈밑에 잔여물이 떨어져 얼룩이 질 수 있기 때문에 주의하여야 한다.

· 스틱타입 (Stick Type)

전문가용으로 색감이나 표현력이 가장 강하다.

아이 섀도

크림 컬러 베이스

페인트

페인트 팟

스몰 아이섀도

피그먼트

(2) 아이섀도 명칭

· **베이스 컬러(Base Color)** : 섀도의 색감을 살릴 수 있는 가장 명도가 맑은 색을 선택하여 눈두덩이 전체에 고르게 바른다.

· **포인트 컬러(Point Color)**: 눈매의 강조를 위해 발라지는 컬러로 강한 색을 선명하게 표현하며 눈의 표현하는 부위에 따라서 다양한 이미지를 연출할 수 있다.

· **메인 컬러(Main Color)** : 눈 화장의 분위기를 좌우하는 컬러로 포인트 컬러 부위와 아이홀 부위에 자연스럽게 그라데이션 시킨다.

· **하이라이트(High Light Color)** : 돌출되어 보이고자 하는 부위에 발라준다.

· **언더 컬러(Under Color)** : 선적인 느낌으로 메인 컬러 또는 포인트 컬러와 연결하여 사용하기도 하고 다른 다양한 컬러를 사용하기도 한다.

(3) 아이섀도 색에 따른 효과

메이크업과 전체적인 분위기를 결정하므로 의상의 색, 모델의 눈동자 색과 피부색, 모델의 이미지, 계절 등을 고려하여 선택한다.

· **갈색계** : 자연스러움, 건강함, 피부색이나 모발 색과 가장 잘 매치되며 차분한 이미지를 준다.

· **청색계** : 시원한 느낌, 눈을 가장 뚜렷하게 보이게 한다.

· **녹색계** : 젊은 느낌, 다갈색 피부에 어울린다.

· **보라색계** : 우아함, 요염함, 성숙함, 고급스러움, 흰 피부와 핑크색 피부에 어울린다.

· **회색계** : 세련됨, 흰 피부에 어울린다. 여름화장에는 피하도록 한다.

· **적색계** : 귀여움, 젊음, 흰 피부, 핑크색 피부에 어울린다.

(4) 눈모양에 따른 아이섀도 표현방법

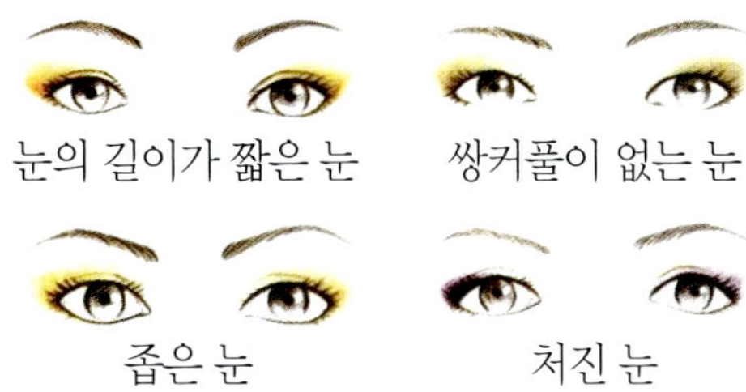

▲ 그림 4

(5) 분할선에 따른 아이섀도 테크닉

▲ 그림 5

3) 아이라이너 (Eye Liner)

아이라이너는 눈매를 선명하고 뚜렷해 보이도록 하며 속눈썹이 나는 곳을 따라 섬세하게 그려주어야 한다. 아이라이너는 눈 모양에 맞게 선의 폭이나 굵기를 조절하여 그려주면 눈매를 수정할 수 있으며 마스카라의 역할을 상승시킬 수 있다.

(1) 제품의 종류

· 펜슬타입 (Pencil Type)

자연스러운 아이라인을 표현할 때 사용이 간편하고, 그린 후에 그라데이션이 가능하여 눈매를 자연스럽게 표현할 수 있다. 단점으로는 잘 그려지지 않고 자주 깍아 사용해야한다.

· **액상 타입 (Liqued Type)**

강한 눈매를 표현하기 적당하며 색상이 선명하며 붓으로 그리기 때문에 가늘고 섬세하게 그릴 수 있으나 광택으로 인하여 다소 인위적으로 보일 수 있다.

· **케익타입 (Cake Type)**

물이나 스킨에 섞어서 사용하는 타입으로 물의 양에 따라 색감의 조절이 가능하며, 건조가 빠르다.

· **붓펜 타입 (Brush Type)**

케익타입의 단점을 보완한 제품으로 사용이 편리하고 광택이 없어 자연스럽게 그릴 수 있다.

리퀴드 라이너

리퀴드라스트 라이너

아이 콜

아이 펜슬

테크나콜 라이너

파워포인트 아이 펜슬

플루이드라인

아이라이너

(2) 아이라이너 그리는 방법

① 최대한 속눈썹 라인에 가깝게 그려야 하고 눈매를 강조하고자 하는 부분에 강약을 주어 표현한다.

② 아이라이너를 그릴 때 모델의 자세는 눈동자를 아래 방향으로 보게 하며 시술자는 모델의 눈썹 뼈 부분을 위로 살짝 당겨 주어 팽창시켜 주면 아이라인을 훨씬 깔끔하게 그릴 수 있다.

③ 그리는 순서는 눈 중앙~속눈썹의 꼬리까지 그려준 후, 눈 앞머리~눈 중앙의 나머지 부분과 연결하여 선을 그어준다.

④ 아이라이너를 속눈썹 꼬리에서 조금 길게 그려주면 눈을 떴을 때 속눈썹이 길어 보이는 효과를 줄 수 있다.
⑤ 속눈썹이 난 부분과 경계가 많이 생겼을 때 는 촘촘하게 메꾸어서 속눈썹과 아이라이너가 조화를 이루도록 세밀하게 메이크업을 해주어야 한다.

붓펜 아이라이너

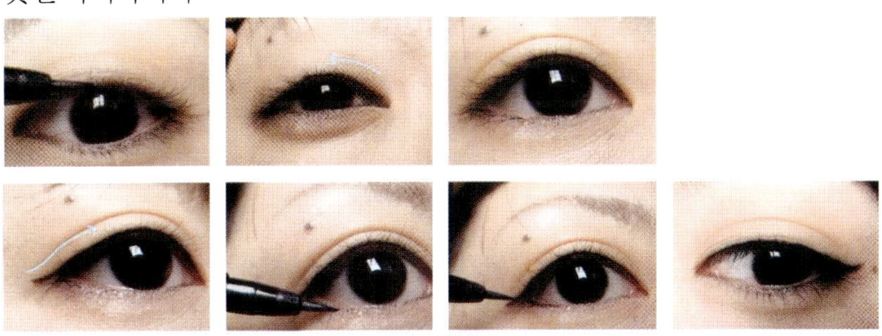

▲ 그림 6

펜슬 아이라이너

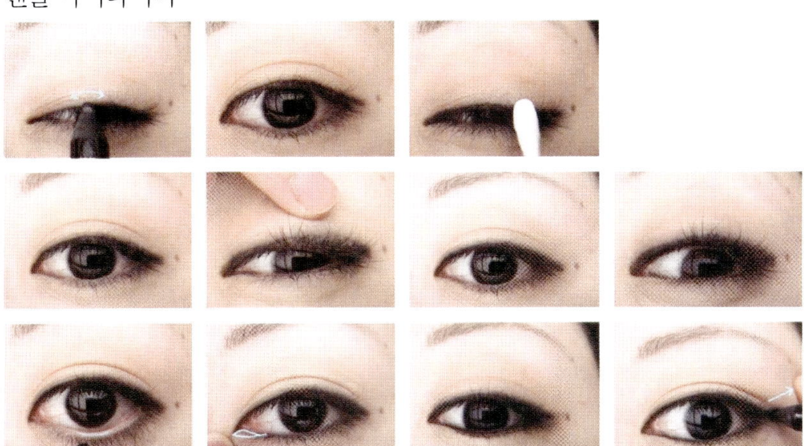

▲ 그림 7

눈에 맞춰서 그리는 아이라이너(동그란 눈)

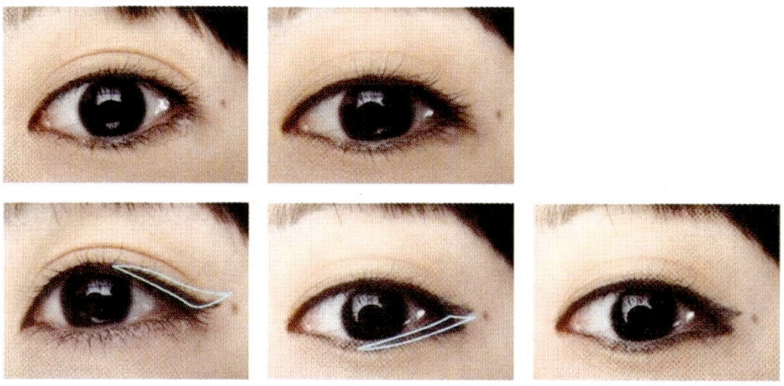

▲ 그림 8

눈에 맞춰서 그리는 아이라이너(작은 눈)

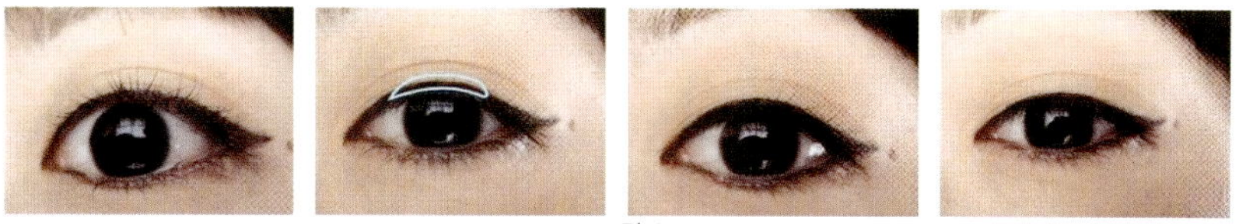

▲ 그림 9

4) 마스카라

마스카라는 속눈썹을 길고 풍성하게 표현하여 매력적인 아름다움을 주는데 사용한다. 민감한 눈 주위에 사용하기 때문에 독성, 자극성이 없는 안정성이 높은 원료의 선택이 필요하다.

마스카라는 물에 얼마나 잘 지워지는지의 여부에 따라 두가지의 타입으로 나뉜다. 물이나 땀에 잘 지워지지 않는 워터프루프(Waterproof) 타입은 지울 때 전용 리무버를 사용해야 하며, 원시 오프(Wash off)타입은 물에 쉽게 녹아내리듯 잘 지워지며 눈에 미치는 자극이 적다. 검정색이 일반적이나 밤색, 청색, 녹색, 와인색 등 아이섀도와 어울리는 색상을 선택하며 훨씬 매력적인 눈매를 연출할 수 있다.

(1) 제품의 종류

· **리퀴드 마스카라 (Liqued Mascara) :** 액상 타입이며 접착력이 뛰어나 속눈썹을 선명하게 표현해 주며 일반적으로 가장 많이 사용되는 제품이다. 건조가 빠르다.

· **롱래쉬 마스카라 (Long-lash Mascara) :** 솔이 나선형으로 섬유질이 들어있으며 마스카라를 바를 때 속눈썹 끝에 가느다란 섬유질이 붙어서 속눈썹이 길어보이는 효과를 준다. 그러나 시간이 지나면 섬유질이 굳어지면서 떨어질 우려가 있다.

· **볼륨 마스카라 (Volume Mascara) :** 솔의 중간 부분이 통통하다. 속눈썹 숱을 풍성하게 해주며 건조가 조금 느리다.

· **케익 마스카라 (Cake Mascara) :** 물이나 스킨을 이용하여 붓에 묻혀서 사용하며 눈물 등에 번지기 쉽다.

· **워터프루프 마스카라 (Waterproop Mascara) :** 물이나 땀에 강하며 내수성이 좋아 얼룩에도 잘 지워지지 않으며 주로 여름철에 많이 사용한다.

· **투명 마스카라 :** 젤 타입으로 눈썹의 영양제 역할과 번지지 않게 방수처리 되어있다. 색상을 포함하고 있지 않으므로 남성 메이크업이나 파운데이션의 잔여물을 제거할 때, 자연스러운 메이크업 시에 좋다.

라이드 래쉬

스프래쉬프루프 래쉬

줌 래쉬

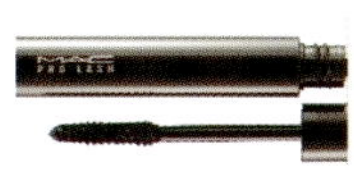
프로 래쉬

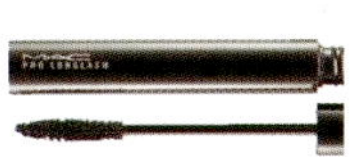
프로 롱래쉬

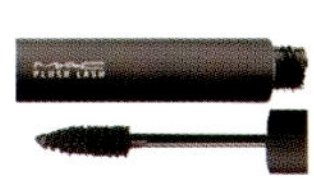
플러쉬 래쉬

화이버 리치 래쉬 마스카라

(2) 마스카라 바르는 방법

① 아이래시컬러로 속눈썹을 뿌리, 중간, 끝의 세 단계로 나누어서 컬을 준다.
② 모델의 시선은 아래쪽을 향한 상태에서 위에서 아래로 쓸어내리듯이 바른다.
③ 눈을 뜬 상태에서 아래에서 위로 지그재그로 바르면서 올려준다.
④ 아래 속 눈썹은 브러시를 세로로 세워 좌우로 가볍게 바른다.
⑤ 풍성하게 강조하고 싶을 때는 여러 번 덧발라 두께감을 준다.

마스카라 바르는 방법

마스카라 뭉칠 때

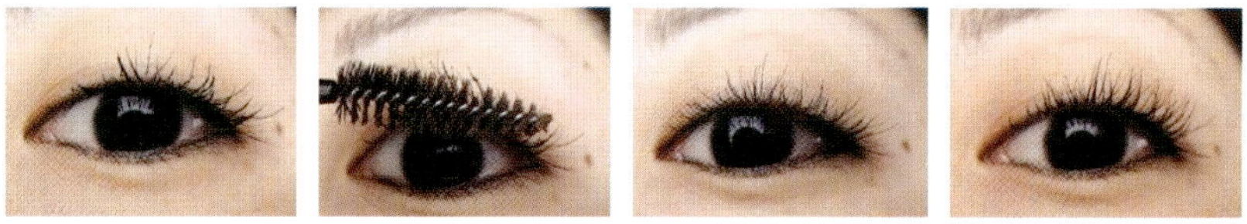

▲ 그림 10

5) 인조 속눈썹

눈매를 깊이 있고 풍성하게 보이는 효과가 있다. 먼거리에서도 뚜렷한 눈매를 연출할 수 있으며 속눈썹의 숱을 많아 보이게 해주면서 길어 보이게 한다. 눈의 길이나 모양을 결정하고 나서 선택하는 것이 좋으며, 한올 한올 심는 속눈썹 타입과 하나로 연결되어 있는 속눈썹 타입이 있다.

(1) 인조 속눈썹 종류

· 심는 속눈썹 (Individual Lashes)

가닥 가닥을 핀셋으로 붙여주며 자연스런 눈매를 연출한다.

· 하나로 연결된 속눈썹 (Strip Eye Lashes)

전체적으로 모양이 만들어져 있어 사용하기 편리하다.

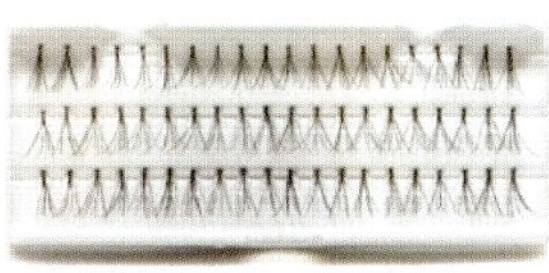

(2) 인조속눈썹 붙이는 방법

① 인조 속눈썹의 길이를 모델에 눈의 길이에 맞추어서 속눈썹의 길이를 커트한다.

② 아이래시로 모델의 속눈썹의 컬을 만들어 준다.

③ 접착제를 인조속눈썹에 바른다. 적찹제 바를 때 주의할 점은 불필요한 부위에 풀이 묻지 않도록 한다. 접착제를 인조 속눈썹에 바르고 3~4초 정도 경과한 후 붙이면 접착력이 좋다.

④ 모델의 속눈썹 중앙에 살짝 올려놓고 앞머리, 중앙, 꼬리의 순서로 눌러준다.

⑤ 인조 속눈썹과 모델의 속눈썹이 연결이 되도록 마스카라를 바른다.

⑥ 인조 속눈썹 제거 시에는 면봉에 아이메이크업 리무버를 묻혀 돌려주면서 떼어낸다.

(3) 인조속눈썹 심는 방법

① 모델의 콘택트렌즈 착용유무를 점검한다.

② 속눈썹에 묻어있는 유분을 제거한다.

③ 핀셋으로 속눈썹 한 올 씩 집어서 속눈썹 사이사이에 붙인다.

④ 인조 속눈썹은 보통 10~15개 정도 심는 것이 적당하며, 수명은 90~150일이다.

⑤ 제거하는 방법은 면봉이나 화장솜에 리무버를 적셔서 눈썹에 면봉을 대고 회전시키면서 떼어낸다. 무리하게 손으로 잡아 떼어서는 안 된다.

4. 볼 메이크업

1) 블러셔 (Blusher)

블러셔는 얼굴에 혈색을 주어 화사함과 건강미를 강조할 수 있다. 얼굴형에 음영을 주어 평면적인 얼굴을 입체적으로 수정해주어 결점을 보완시켜 준다. 혈색이 없거나 흰 피부에는 핑크계열의 색상이 좋으며 어두운 피부 톤에는 브라운 색이 잘 어울린다. 피부색이나 표현하고자 하는 메이크업의 이미지를 고려하여 색상을 선택한다.

블러셔의 기본 위치

(1) 제품의 종류

· **케익 타입 (Cake Type)** : 브러시를 이용하며, 색감표현이 자연스럽고 손쉽게 사용할 수 있다.

· **크림 타입 (Cream Type)** : 파우더를 바르기 전에 사용하며 손가락이나 퍼프를 이용하여 펴 바른다. 케익 타입에 비해 지속력이 좋다.

· **스틱 타입 (Stick Type)** : 전문가용으로 많이 사용되며 진한 색상을 원할 때 효과적이다.

미네랄라이즈 블러쉬

치크 크림컬러베이스

치크 파우더블러쉬

치크 블러쉬크림

(2) 블러셔 색에 따른 이미지

· **분홍계열** : 화사하고 귀여운 이미지

· **주황계열** : 건강하고 활동적인 이미지

· **살구색 계열** : 여성스러운 이미지

· **갈색 계열** : 성숙하고 차분한 이미지

5. 입술 메이크업(Lip Make-up)

입술화장은 입술의 형태나 색감에 의해 얼굴 전체를 생동감있게 표현해 주며 이미지를 전달하는 가장 강력한 수단이다. 또한 외부 자극으로부터 입술을 보호하고 입술 형태를 수정하고 입체감을 부여하며, 입술에 컬러를 부여하여 아름답고 화사하게 표현해 준다.

어떤 립 컬러를 선택하느냐에 따라서 메이크업의 전체적인 이미지가 좌우되는 만큼 모델의 피부 톤, 아이섀도 컬러, 의상색과의 조화를 충분히 고려해서 시술해야만 한다.

(1) 제품의 종류

· **립스틱 (Lip-Stick)** : 대중적인 형태로 색감과 질감이 다양하고 사용이 간편하여 가장 일반적으로 많이 사용이 되는 제품이다.

· **립크림 (Lip-Cream)** : 입술을 보호하고 글로시한 입술을 표현해 준다.

· **립글로스 (Lip-Gloss)** : 오일 타입으로 입술에 윤기를 주어 촉촉하게 표현해 주며 입술을 보호해 준다. 지속력이 떨어지는 단점이 있다.

· **립라이너 (Lip-Liner)** : 펜슬 타입으로 입술선을 선명하게 표현할 수 있으며 입술화장이 얼룩지지 않게 오래 지속시켜 준다.

· **립밤 (Lip-Balm)** : 보습 효과가 뛰어나며 빠르게 흡수되어 입술이 건조할 때 바르며 효과적이다.

· **페이스트 타입 (Past Type)** : 용기에 담겨 있는 타입을 뜻하며 부드럽고 윤기가 있으며 색상 표현보다 입술 보호 효과가 크다.

· **립크래용 (Lip-Crayon)** : 오일의 함유량이 적은 제품이며 립펜슬보다 두꺼운 형태이다. 사용이 간편하고 휴대가 편리하다.

립스틱

비바 글램 립스틱

슬림샤인 립스틱

러스터 글라스

립 젤리

클리어 립글라스

틴티드 립글라스

플러쉬 글라스

립 펜슬

그림스틱 라이너

(2) 입술 라인에 따른 효과

· **직선 커브 (Straight Curve)** : 샤프하고 지적인 이미지

립라인을 직선형의 입술선으로 표현하는 테크닉으로 활동적이고 현대적이고 딱딱하고 이지적인 이미지로 연출할 수 있다.

· **인 커브 (In Curve)** : 여성스럽고 귀여운 이미지

본래의 입술선 1~2mm정도 안쪽으로 그리는 입술형으로 입술이 작아 보이는 효과가 있다.

· **아웃 커브 (Out Curve)** : 세련되고 섹시한 이미지

본래의 입술선보다 1~2mm정도 바깥쪽으로 넓고 둥글게 그리는 테크닉으로 여성적이면서 관능적인 이미지를 연출할 수 있다.

(3) 입술 모양에 따른 메이크업

두꺼운 입술

입술이 두꺼우면 현대적인 느낌이 들지만 자칫 투박해보일 수 있다. 먼저 파운데이션으로 입술라인을 지워준 후 본래의 입술 선보다 1~2mm 정도 안쪽으로 라인을 그려준다. 옅은 색이나 펄이 들어간 색상은 두꺼운 입술을 오히려 강조할 수 있으므로 짙은 계열의 색상을 칠하여 입술이 작아 보이게 수정한다.

얇은 입술

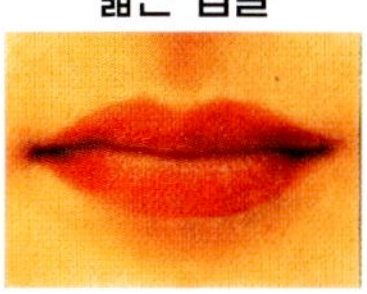

여성적인 느낌을 주지만 뚜렷한 인상을 주고 싶을 때에는 약간 두껍게 수정하는 것이 좋다. 본래의 입술 선보다 1~2mm 정도 늘려서 그려준다. 밝은 색의 펄 감이 있는 색상을 발라준다.

끝이 처진 입술

입술 끝이 처져 있으면 우울하고 생기가 없어 보인다. 입술 끝을 1mm정도 올려서 그려주고 인커브를 라인을 사용하면 밝은 인상을 연출할 수 있다.

윤곽이 희미한 입술

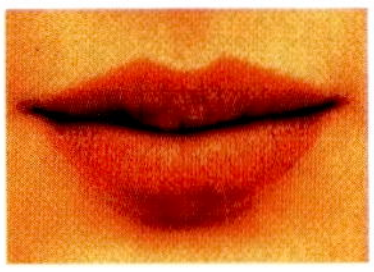

입술라인선이 뚜렷하지 않으면 피부색깔이 지저분 해보이고 얼굴윤곽이 희미해 보이거나, 아파 보이게 된다. 립라이너로 입술선을 또렷하게 표현하고 짙은 컬러의 립스틱을 바른다.

돌출된 입술

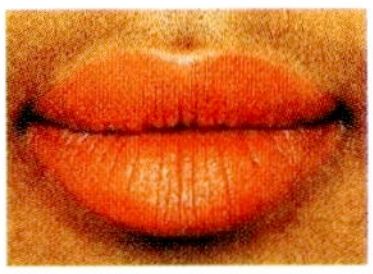

입술이 나와 있으면 심술 맞아 보이거나, 우울해 보이고 다소 인상이 강해 보인다. 짙은 색의 라이너로 라인을 그린 후 브라운, 퍼플, 레드 계열 등 후퇴되어 보이는 컬러를 바른다.

(4) 입술 컬러에 따른 이미지

핑크 톤 (Pink Tone) : 여성스럽고 귀여운 느낌

레드 톤 (Red Tone) : 정열, 관능, 여성적인 색으로 가장 대표적인 립컬러이다.

오렌지 톤 (Orange Tone) : 활동적이며 발랄한 이미지. 약간 검은 피부에 잘 어울린다.

퍼플 톤 (Perple Tone) : 우아한 여성미 강조, 화려한 이미지 표현에 좋다.

브라운 톤 (Brown Tone) : 지적이고 차분한 이미지. 가장 무난한 색상.

(5) 입술 그리는 방법

① 파운데이션과 파우더를 입술색과 입술선을 따라 발라준다.

② 입술산의 길이만큼 아랫입술 중앙라인을 그려준다.

③ 양쪽 입꼬리에서 입술산과 아랫입술 중앙 방향으로 그려준다.

④ 윗입술과 아랫입술의 비율은 1:1.5를 기준으로 그려준다.

⑤ 립스틱을 브러쉬로 충분히 립라인의 경계를 부드럽게 펴바른다.

⑥ 티슈와 분첩으로 유분기를 제거한 후 립스틱을 발라준다.

⑦ 립그로스를 덧발라 촉촉하게 마무리한다.

제 5 장

응용아트 메이크업

1. 드리핑(Dripping) 메이크업

드리핑(Dripping)이란 물감 흘리기, 뿌리기를 의미하며, 붓을 사용하지 않고 물감을 화면에 흘리기, 뿌리는 기법이다. 이 기법은 20세기 초 M.에른스트가 한 때 사용한 적이 있으나, 주목을 끌기 시작한 것은 액션 페인팅 화가들 특히 J.폴록이 이 방법으로 새로운 회화스타일을 창조했던 1940년대부터이다. 이 기법은 작품의 핵심을 이루는 행동이나 숙달된 서예적 동작을 표현하는데 적합하며, 오토마티즘(Automatism)과 유사점이 많으나 중요 목표가 형식적 요소의 개발이라는 점과 잠재의식을 탐사하지 않는다는 점에서 차이가 있다.

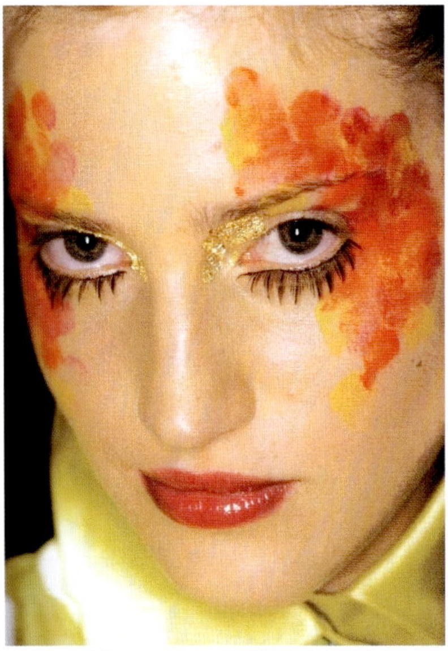

▲ Mise en scene 04 SS Paris Milano

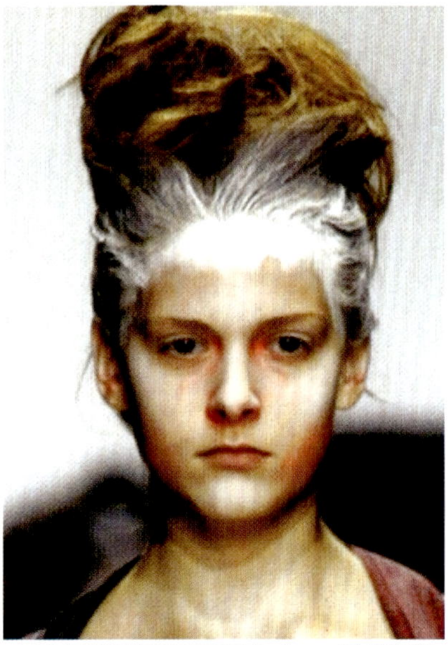

▲ VIVIENNE WESTWOODCollection vol09 2005SS

▲ Guy Laroche collection Paris

▲ 04 SS Paris Milano 03-04 FW Milano Make up

2. 데칼코마니(Decalcomanie) 메이크업

전사법이란 뜻으로 접었다 편 종이의 한 쪽 면에 물감을 칠하고 눌렀다가 펴면 우연의 형태를 볼 수 있다. 독일의 에른스트가 널리 응용하였으며 현대 미술에서는 초현실주의자들이 응용한 오토매틱한 회화기법을 말한다. 데칼코마니 기법은 연상적인 우연의 효과를 나타내면서 그것이 어떤 다른 이미지로 변화할 때 환각을 가로지는 방법으로 정신분석학적 통찰력을 초월하여 자신도 알 수 없는 형태와 질감을 획득하게 하는 기법이다.

▲ Boudicca 03 SS London NewYork Milano Paris

▲ John GallianoCollectionvol00 2003 SS

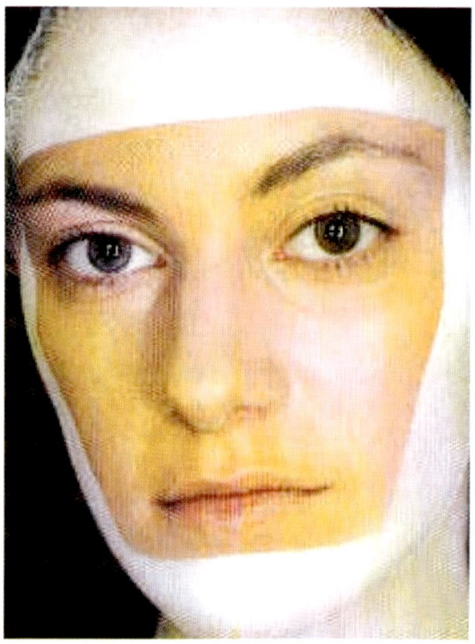

▲ Boudicca03 SS London NewYork Milano Paris

▲ Collection 02-03FW Paris Milano

3. 데카당스(Decadence) 메이크업

데카당스는 19세기 프랑스를 중심으로 허무적이며 심미주의적 문예운동에서 비롯되었다. 데카당스 미술은 문화의 미적 퇴폐 과정이나 예술적 활동이 정상적인 힘 또는 기능을 잃고 이상한 감수성, 자극적 향락으로 빠지는 경향으로 흐르고 병적인 분위기가 감돈다. 패션에서는 악마스런 문양이나 과감한 색채사용, 그리고 성적인 부분이 과감하게 강조된 일종의 세기말적인 현상을 의미한다.

따라서 데카당스 메이크업이란 현대의 암울한 이미지를 표현한 메이크업으로, 남성적인 강인함과 퇴폐적인 분위기, 강한 개성, 유니섹스한 스타일에 골격미를 강조한 메이크업이라 할 수 있다. 데카당스 메이크업은 혐오스런 문양의 타투나 병적인 분위기의 색상,성을 자극시켜 거부감을 일으킨다.

▲ John Galliano 07-08 FW Paris Milano NewYork

▲ John Galliano 7-08 FW Paris Milano NewYork

▲ Christion Dior Collection vol09 2005 PM Makeup

▲ Mise en scene 04 SS Paris SS Milano

4. 데테스테(Detester) 메이크업

데테스테란 험악, 증오, 저속함을 의미하는 단어로, 깨끗함, 세련됨, 우아함, 단정함과는 정반대되는 분위기를 추구하기 위한 운동이다. 이 운동은 미와 추함의 경계는 극히 모호하다라는 발상에서 시작되어 추악하고 저속한 것에도 의외의 아름다움이 존재한다는 생각에서 비롯되었다. 이는 아르누보시대의 모티브로 사용하던 곤충과 파충류에서 영향을 받은 것으로써, 자연 요소를 이용한 자유로운 발상에 의해 만들어졌다.

노테스테 메이크업이란 곤충의 더듬이나 동물의 깃털 등을 이용하여, 혐오적이고 퇴폐적이며 저속한 뜻의 노테스테한 이미지를 표현하는 메이크업이다. 메이크업에서 이러한 현상은 경제 불황으로 인한 불안감과 위기의식이 인체를 지나치게 과장하거나 왜곡시키는 경향에서 파생된 것으로, 메이크업에 곤충과 동물의 요소를 응용함으로써 자연으로 돌아가고자 하는 회귀 욕구를 은유적이고 역설적인 방법으로 표현한 것이다.

인간이 아닌 곤충이나 동물의 요소를 메이크업에 차용하여 인간과 동물의 요소를 혼용하는 것은 인간이 아닌 다른 생물간 상호텍스트성이다. 또한 조형예술로서 메이크업이 곤충이나 동물의 요소로 인해 새롭게 재구성될 수 있는 잠재성은 불확정성의 개념으로 설명될 수 있다.

▲ 07-08 FW Paris Milano New york

▲ Keita maruyama 03-04 FW Paris Milano

▲ Fem collections vol12 04-05 FW

▲ Viktor_Rolf Fem collections vol08 2004-05 FW

5. 그로데스크(Grotesque) 메이크업

클레이버러(Arthur Clayborough)는 그의 책 "영문학에서의 그로테스크(The grotesque in English literature,1965)"에서 18세기 초 그로테스크의 일반적 의미에 대해 형용사로 우스꽝스러운, 뒤틍그러진, 부자연스러운 명사로는 부조리, 자연의 왜곡 등으로 정의하고 있다.

애매모호하며 기이하고, 들어보지도, 믿을 수도 없는 현상을 지칭할 때 사용한다. 그로테스크는 원래 조형예술의 영역에서 유래한 것으로 중세유럽사회가 붕괴되는 시점인 1500년 무렵 로마유적의 발굴과정에서 나온 특이한 당초무늬 의 벽화양식을 일컫는 말이었다. 이 시기에는 하나의 그림 속에 인간적 요소와 동 · 식물적 요소들이 정교하게 결합된 양식이 발전했으며, 이러한 이질적인 요소의 혼합은 기괴하면서도 우스꽝스러운 효과를 자아냈다. 그로테스크 메이크업은 전통적 메이크업과는 달리 비전통적이고 과장되게 표현하여 괴기스럽기도 하고, 부자연스러워 애매모호함을 나타낸다.

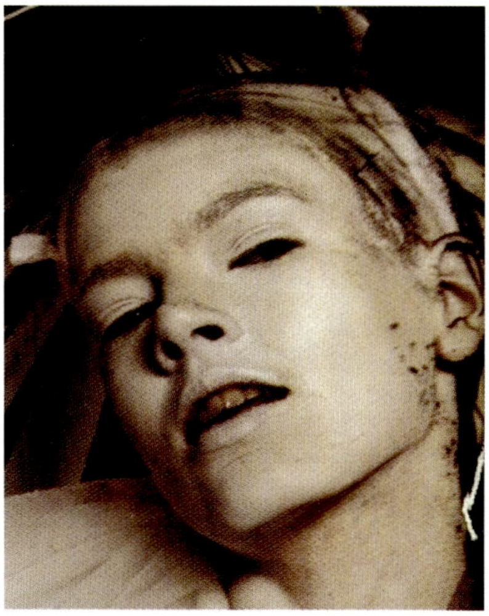

▲ John GallianoCollection vol00 2003 SS

▲ Christian Dior 03-04 Milano Paris London NewYork

▲ Fatima Lopes 03 SS London New York Milano Paris

6. 그래픽(Graphic) 메이크업

그래픽의 어원은 그리스어인 그라피코스에서 유래된 것으로 '쓰다' 라는 것이 원래 뜻이며 '도식화한다' 라는 의미를 내포하고 있다. 뿐만 아니라 정형적인, 비인간적인 의미도 지니고 있다.

추상적인 그래픽 디자인 또는 그래픽 아트를 주제로 한 메이크업은 인체를 하나의 캔버스로 생각하여 얼굴의 중심을 무시하고 오히려 새로운 공간 개념을 창출하여 불확정성을 나타내며, 절대적 질서로 작용해야 함에도 불구하고 중력의 작용 방향을 왜곡시킴으로써, 본래의 의미로부터 이탈시켜 탈중심화된 새로움을 보여준다. 표현기법은 단순한 기하학적인 형태 (직선, 사선, 원, 삼각, 사각)를 응용하거나 색채배색과 모티프에 이르기까지 시각적인 즐거움을 준다. 따라서 유머스러운 기호와 메시지 등을 그려 넣는 그래픽 메이크업은 복잡한 혼돈의 시대를 살아가는 현대인에게 정신적 긴장을 풀고 인간의 순수한 어린 시절을 회상하게 한다. 이처럼 그래픽 메이크업은 메이크업에서 고려되는 얼굴의 구성요소를 해체한 탈구 성적이고 탈중심적인 방법을 취함으로써 현대의 물질 문명사회를 현상적으로 나타내며, 비인간화되어 가는 현 사회를 비판함으로써 자신과 사회를 진지하게 재고해 볼 수 있는 기회를 제공한다.

▲ Collection 02-03 FW Paris Milano

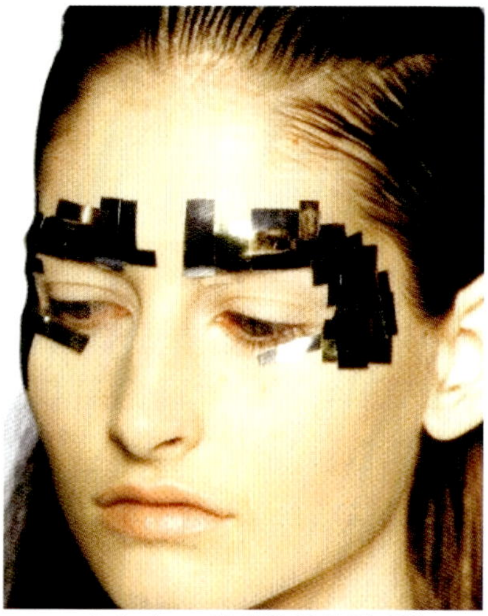

▲ Collection vol13 2007 SS PMN(p026) make-up Givenchy

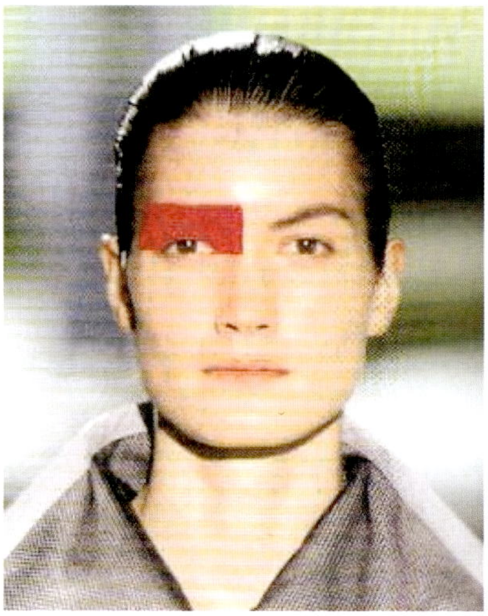

▲ Y-3 04 SS Paris Milano

▲ Christian Dior 03-04 FW Fem Paris London

7. 콜라주(Collage) 메이크업

콜라주는 프랑스어의 콜레로 '풀로 붙이다'라는 뜻으로, 아교로 붙임, 풀칠하여 붙이기를 의미한다. 콜라주 기법은 재료의 적절성 에 대한 기조의 모든 관념을 깨고 재료가 갖는 한계성을 극복하여 재미를 유발시킨다. 예를 들면 1912년 파블로 피카소는 등의자가 있는 정물이란 작품에서 캔버스 위에 등나무로 엮은 무늬를 직접 그려 놓는 대신 그 무늬가 인쇄된 천을 캔버스 위에 붙여 작업을 하였다.

메이크업에서는 이질적 소재의 혼용, 복합을 통한 소재의 한계성을 탈피하기 위해 레이스(race)조각, 플라스틱, 모조품 등의 다양한 소재를 이용하여 변화를 주거나 인조 속눈썹을 다양하게 변화시키기도 하였다.

콜라주 메이크업은 이질적인 재료를 콜라주 기법으로 표현하여 웃음을 유발시키는 메이크업이다. 메이크업에서 이질적인 요소의 도입은 극적인 요소에 기이하고 부조화된 느낌을 전달하는 동시에 재치와 유머를 전달하며, 다양하고 풍부한 창조를 가능하게 한다. 또한, 심각하고 진지한 것보다는 우스꽝스러운 것, 엉뚱한 것으로 감성적 뿐만 아니라 지적, 정신적 유머효과를 초래한다. 이는 도시생활의 긴장에서 벗어나고자 하는 욕구에 의해 표현된 것이며, 단순히 조롱이나 냉소가 아닌 사회 정화의 의지를 담고 있다.

콜라주는 메이크업 재료의 한계를 탈피하여 다른 텍스트로부터 차용해 올 수 있는 가능성을 지니고 있고, 이러한 콜라주 메이크업은 이질적인 소재의 사용에 따라 다양한 변화를 시도할 수 있으므로 불확정성을 지닌 메이크업으로 새로운 것을 갈구하는 개성이 강한 젊은 세대에게 어필될 수 있을 것이다.

▲ Christian Dior 03-04 Milano Paris London New York

▲ Collection 02-03 FW Paris Milano

▲ John Galliano 03-04 FW Milano Paris New York London

▲ Christian Dior 03 SS collection ondon NewYork Milano Paris

8. 타투(Tattoo) 메이크업

문신에 해당하는 영어인 타투(Tattoo)는 남태평양 타히티 어원 Tattaw에서 유래된 것으로 추축되며, 이 많은 폴리네시아어로 두드리거나 때리는 것을 의미하는 어근 Ta에서 유래되었다제임스 쿡(James Cook) 선장의 1769년 타히티 (Tahiti)의 탐험일기의 기록에 의하면 "그들의 몸을 동물의 뼈로 만든 작은 도구들로 몸을 찍거나 뚫어 흠집을 내고 거기에 기름기가 있는 땅콩 등을 태운 연기를 이용해서 만든 진청색 또는 검정색 염료로 채운다. 원주민들에 의해 타타우(Tattaw)라는 이 방법을 피부에 지울 수 없는 흔적을 남기는데 그들이 열 살이나 열두 살쯤 되었을 때 몸의 특별한 부분에 행해진다"라는 것에서 알 수 있다.

제임스 쿡이 타타우에서 유래된 타투라는 용어를 서구에 소개하기 전에 이미 서양에서도 피부에 상처를 내어 무언가를 새겨 넣는 행위의 명칭으로 프릭(prick) 혹은 마크(mark)라는 용어가 존재하였다. 여기에서 타타우는 피부를 소재로 하는 민속예술의 경향이 강하지면, 프릭 혹은 마크는 새기고자 하는 내용의 문화적 의미보다는 단지 날카로운 도구로 피부에 새기는 행위 자체를 직접적으로 일컫을 뿐이었다. 타투는 민속예술의 경향이 강하고, 타타우는 BC 1500년 전부터 폴리네시아 군도에서 발전해온 라피타(lapita)라는 도기의 장식과 매우 유사한 모양이라고 한것을 보면, 타타우와 라피타의 유사성이 바로 타투가 순수예술에서 비롯된 장식임을 입증하는 것이라 할 수 있다. 문신이란 피부에 상처를 만들어 색소 등의 물감을 들여 글씨나 그림, 무늬를 새긴 것을 말한다.

타투와 문신은 피부에 상처를 내고 물감을 부의 무언가를 새기는 시술의 형태에서 공통점을 보이지만, 피부에 시기는 문양의 형태나 기능에 있어서는 문신이 서양의 타투와 본질적으로 차이가 있다, 즉, 문신은 타투에 비해 신체에 형벌을 새겨서 표시하는 징벌적 의미를 지니고 있다. 따라서 문신이라는 용어가 패션으로서의 신체장식을 언급하는 용어로는 적절하지 않으므로 신체장식을 패션의 한분야로 발전시켜가기 위해서는 타투를 신체장식을 지칭하는 포괄적 패션용어로 사용하였다.

20세기 들어 이러한 반목은 점차 커져갔으나 코스메틱 타투의 유행으로 타투는 서구인들에게 수용되기 시작하였다. 특히 1960~70년대의 반사회적인 양상에 발맞추어 타투는 재평가 받게 되고, 그 결과 타투에 관련된 많은 기사가 게재되기 시작했고 타투의 고객층도 점차 다변화되고 대중화 되었다.

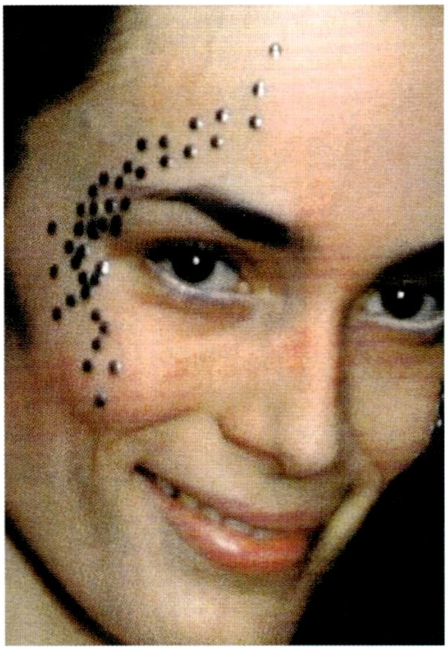

▲ 05-06 FW PM

▲ Lanvin 04 SS Paris Milano

9. 앤드로저너스(Androgynous) 메이크업

페미니즘의 등장으로 여성의 성 역할이 변화되었고, 세계화 · 다원화시대의 돌입으로 남성과 여성이라는 구분보다는 각자의 개성에 따른 감각을 추구하였다.

앤드로지너스(Androgynous)란 남성과 여성이 가지는 고유한 성을 자신의 성과 조화롭게 지니는 것으로 남성과 여성의 특징을 부정하지 않고 오히려 융합시킨 것이다. 성의 혼합 이미지는 양성적 이미지와 중성적 이미지로 설명되는데, 양성적 이미지는 남성과 여성의 이미지를 모두 느낄 수 있는 것이고, 중성적 이미지는 남성적 이미지와 여성적 이미지가 거의 같은 비율로 결합되어 어떠한 성도 느낄 수 없는 것을 말한다. 또한, 앤드로지너스는 젠더리스에 비해 양성적 이미지가 강하게 표현된 개념이다.

본래 앤드로지너스 메이크업은 남성인지 여성인지 알 수 없는 메이크업으로 여성이 눈썹을 남성처럼 굵고 짙게 그리거나 여성이 본래의 얼굴에 가깝도록 내추럴하게 메이크업을 한 것을 말한다. 즉, 앤드로지너스 메이크업이란 성에 대한 경계를 허물어 성 구분이 모호하도록 서로의 성이 동시에 표현된 메이크업이며, 남성 또는 여성과는 차별된 성 이미지를 지닌 메이크업이다.

여성의 전유물로만 여겨졌던 메이크업은 여성만이 아닌 남성에게도 행해지고 있으며, 남성은 메이크업을 하거나 머리를 길게 기르거나 밝은 컬러로 염색함으로써 전통적인 남성의 허세를 허물었다. 또, 여성은 남성성을 강조하기 위해 눈을 어둡게 칠하거나 마스카라나 립스틱을 바르지 않거나 또는 남성의 수염을 착용하거나 머리를 짧게 잘라 남성성을 표현한다. 이것은 이성, 공격성, 용기, 힘 등의 남성적인 특성과 유연성, 인내, 순종의 여성적인 특성이 균형과 조화를 이루도록 성적특성을 교차시킨 것이다.

어두운 색이 남성적이라는 이미지가 메이크업에도 영향을 미치는데, 젊은

이들이 하드록에 열광하던 1980년대의 보이 조지의 블랙 메이크업은 남성이 메이크업을 하는 행위는 여성성을 도입한 것이며, 어두운 색조의 화장은 남성적인 강인함을 표현하는 것이다. 이것은 색조에서는 남성적 요소를, 메이크업 형식에서는 여성적 요소를 포함한 양성적 의미를 표현한 것이다.

▲ John Galliano fw RTW

▲ Fem Beauty Milano 2007 NewYork 04-05FW

▲ John Galliano fw RTW

▲ Fem Beauty Milano 2007 NewYork 04-05FW

10. 화이트(White) 메이크업

서구사회에서 주체는 백인이며, 이는 보편적인 인간성의 절대 기준이었다. 그렇기 때문에 화이트 컬러는 역사적으로 깨끗함, 순수함, 우월성의 의미를 지니며 상위계층을 상징해 왔다. 하얀 피부는 절대적인 미의 기준이며, 메이크업은 단지 미적 표현만이 아닌 권위의 상징이었다. 따라서 엘리자베스 1세 시대에는 심한 부작용에도 불구하고 페이스트라는 백납분을 사용해 얼굴을 하얗게 하였고, 로마에서도 권위의 상징으로 얼굴, 목, 어깨, 팔 등에 백 납분을 발랐다. 또, 화이트 메이크업은 애도의 의미나 패자를 의미하기도 하며, 과거의 컬러이면서 미래의 컬러이며, 시작과 완성의 극단적 특성을 모두 표현할 수 있는 컬러이다.

이렇듯 화이트는 개방성을 지닌 컬러로서 무한히 확장되어 다의적으로 해석이 가능한 컬러이며, 화이트 컬러를 이용한 화이트 메이크업은 현재 통용되고 있는 용어로, 컬러에 의해 분류된 메이크업의 한 형태이다.

현대 메이크업에 있어서 화이트 색상의 등장은 복고주의 영향으로 세기 말의 어두운 현상과 사회 병폐현상에 대한 반작용으로써, 미래에 대한 밝은 희망을 제시하기 위한 것이다. 우월성과 권위의 절대 기준을 탈피하여 모든 것을 포용할 수 있는 컬러의 의미를 지닌다.

고대부터 사용되어오던 화이트는 19세기 전반의 유럽에서는 매력을 나타내기에 부적절한 컬러로 흰색 화장품의 사용은 치명적인 것이었다. 그러나 1990년대 후반이후 파리나 런던의 켓 워크에서 화이트 색상은 핫 아이템으로 등장하였다. 실험적이고 전위적인 요소가 강한 패션쇼에서는 다양한 아이템에 화이트를 컬러를 도입하여 화이트에 대한 고정관념을 유쾌하게 붕괴시켜 피부 컬러뿐만이 아니라 가발, 입술이나 눈, 손톱화장에 이르기까지 화이트는 새로운 충격을 주기에 충분하였다.

화이트 메이크업은 엠마누엘 웅가로, 티에리 뮈글러, 헬무트 랭, 비비안 웨스트우드, 칼 라거펠트, 크리스찬 디올 등의 디자이너에 의해 매우 다양하게 선보여졌다. 화이트 컬러는 과거에 사용되었던 컬러가 현재의 메이크업에 표현됨으로써 과거를 재해석하기도 하며, 현재는 곧 미래의 흔적의 역으로써 미래를 해석하기 위해 현재에 표현되기도 한다.

화이트 메이크업의 역사는 일본 에도시대의 노래와 춤과 연기로 이루어진 총체 연극인 가부키 메이크업에서 찾아볼 수 있다. 화이트페이스 크림과 화이트 섀도를 이용해 얼굴 전체를 칠함으로써 전통적이고 단정한 모습이 아닌 호색 적이고, 해학적인 이미지를 전달한다.

두껍고 창백한 화장에 약간 진한 볼 화장, 가늘게 곡선 진 눈썹, 작고 장미꽃 모양의 입술은 차용하였지만, 인조 깃털과 아이라인의 붉은 라인과 목에 붉은 상처는 흰색과 대조를 이루어 로코코시대의 밝고 부드러운 느낌이 아니라 퇴폐적인 분위기를 전달한다. 이와 같은 화이트 메이크업은 민족적 의미의 요소와 현대적인 요소에 문화적인 요소를 병치시켜 시간성과 공간성에서의 해체와 절충을 동시에 보여준다.

▲ John Galliano Collection vol00 2003 SS

11. 코울(Kohl) 메이크업

화장이 시작된 시기를'정확하게 단정지울 수는 없지만 벽화나 토우의 출토 및 여러 문헌 자료를 볼 때 화장은 구석기 시대부터 시작된 것으로 보고 있다

고대 이집트인은 눈을 신의 상징으로 여겨 눈 화장을 매우 중요시 여겼으며, 바람이나 곤충, 모래, 강렬한 태양광선으로부터 눈을 보호하기 위해 검정 화장 먹을 이용한 아이라인 기법으로 관자놀이 방향으로 길게 그린 아이 메이크업을 하였다. 이렇듯 코울은 메이크업의 주술적 기능, 장식적 기능 및 신체보호 기능을 가진 재료로서 사용되었다.

현재 아이 브로우에 사용하는 펜슬은 눈썹먹으로 불리는데, 고대시대 화장먹, 눈썹먹으로 불렸던 코울의 한 형태로 여겨진다. 또한 아이 메이크업에서 아이라이너, 마스카라는 과거 코울이 눈을 커보이게 하는 효과를 지닌 제품이며, 코울과 동일 명칭으로 불리는 눈썹먹과 유사한 물질로 구성되어 있다. 아이 메이크업에 이용되는 제품 중 분말 상태가 아닌 액상의 제품으로 눈썹이 아닌 눈에 사용되는 아이라이너를 과거의 코울로 한정하였으며, 이를 이용한 메이크업을 코울 메이크업이라 한다. 오늘날 코울의 사용은 과거의 코울을 차용하였으나 장식적 기능만을 위해 존재하는 것으로 보여지며, 코울을 그려 넣은 두께의 변형이나 색상에 변화를 주어 사용기법을 해체하였다.

한편, 현대에 사용되는 코울의 색상은 원색적인 컬러에서부터 파스텔 톤에 이르기까지 다양하게 사용되고 있다. 존 갈리아노는 흑발의 이집트 헤어스타일을 금발의 헤어스타일로 바꾸고, 눈썹은 연장시켜 눈 꼬리와 연결되게 하고, 펄이 가미된 스카이 블루의 코울을 칠하였다. 또한, 눈 꼬리에 삼각형의 빨간색 코울로 눈동자와 함께 확장되어 보임으로써 괴기스러운 느낌을 표현하기도 하였다. 따라서 코울 메이크업은 시간과 공간의 복합체 속에 존

재하는 메이크업으로 과거의 아이 메이크업 제품이었던 코울을 현대적 해석을 통해 표현된 것이며, 현 사회의 개성화되고 다양화된 욕구를 반영하여 과장, 변형된 형태로 표현되었다.

▲ Fem collections FW Makeup style-Eye Christian Dior

▲ Fem collections vol12 04-05 vol12 04-05 FW Makeup in london House of jazz

12. 펑크(Punk) 메이크업

펑크(punk)의 사전적 의미로는 '가치 없거나 하급의 것', '풋내기', '젊은 방랑자' 및 '순진하고 어리석은 사람'을 뜻한다. 1970년대 후반 영국의 젊은이들이 경제 불황으로 인해 암울해진 미래와 사회에 대한 반항으로 펑크스타일이 나타나게 되었다. 펑크(Punk) 스타일의 특징은 더럽고 혐오스러운 복장과 공포감을 자아내는 메이크업과 폭력적 이미지의 엑서사리 등으로 나타낼 수 있다. 1960년대 흑인 인권 운동의 영향으로 유행한 아프로 스타일(Afro style)은 꼬불꼬불 하고 부시시한 흑인 특유의 머리를 특별한 장식이나 손질을 하지 않고 그대로 빗질하여 부풀린 것이었다. 1970 - 1980년대 헤어스타일로는 비비 꼬아 세운 스파이크 헤어(Spike hair)와 꼿꼿이 세운 모히칸 스타일 및 과도하게 부풀린 스타일, 머리를 괴상한 모양으로 자르거나 갖가지 색으로 염색하고 비대칭적으로 커트한 헤어스타일, 머리를 모아서 부채살 모양으로 젤이나 무스로 세운 폴큐핀 스타일(Porcupine style), 머리를 깎아서 그 위에 물감으로 그림을 그리고 다니기도 한 스킨헤드(Skin head) 등이 있다. 앤드로지니어스 룩(Androgynous look)의 영향으로 짧은 소년과 같은 모발을 헤어로션이나 드라이로 손질해 율동감 있는 스타일로 표현 했으며 다양한 색깔의 염색을 많이 하고 부드러운 웨이브가 유행하였다. 문명 파괴적인 양상을 띰으로써 그들의 근본적인 허무주의와 히스테리 및 폭력 등을 헤어스타일과 복식에 적극적으로 표현하였다.

▲ Collection 02-03 FW Paris Milano

▲ Christian Dior Collection vol09 2005 SS

▲ Christian Dior 03 SS London NewYork Milano Paris

▲ 03 SS London NewYork Milano Paris

13. 레이스리스(Raceless) 메이크업

20세기 후반에 접어들면서 세계는 하나라는 공동체 의식으로 문화적 경계 들이 서서히 무너지기 시작하면서 다른 시대, 다른 문화의 양식과 이미지를 차용하고 종합하려는 양식이 대두되었다. 이에 역사적으로 성립되어온 민족성을 해체하여 다국적으로 나타난 특성을 설명하기 위한 개념이 레이스리스이다.

레이스리스와 에스닉 모두 민족적인 것을 나타내지만, 에스닉은 나타내려는 것이 명확한데 비해 레이스리스는 여러 민족이 혼합된 형태이기 때문에 나타내려는 것이 모호하다. 레이스리스는 획일적인 문화에서 탈피하여 다양한 문화를 공존시킴으로써 지배적 가치가 붕괴된 혼돈의 세기말을 극복하고 인간본성을 되찾고자 하는 것이다.

레이스리스 메이크업은 동양과 서양, 또는 소수민족의 전통적인 특성이 반영된 민족의 문화성을 서로 교차시켜 새로운 감각을 나타낸 것으로, 타인의 임의적 상용 및 변형을 통한 역사성 그리고 관습적, 토속적 재료의 사용을 통한 창조성을 강조한다.

▲ John Galliano Collection vol00 2003 SS

▲ von Furstenberg Fem collections vol092004 SS

제 6 장 주제별 메이크업

1. "봄" Make Up, 그녀의 얼굴에 핑크빛 꽃이 핀다

따스한 햇살과 부드러운 바람이 피부를 깨우는 봄, 꽃밭을 그리기 위해 분홍, 노랑, 주황, 연두... 팔레트에 짜놓은 듯한 색상들이 봄 메이크업에 고스란히 담겨있다.

갓 피어난 풀잎 닮은 그린색, 새콤달콤한 과일을 연상시키는 오렌지색이 봄 유행색으로, 아이섀도우는 주황, 연두색, 립스틱은 분홍과 주황색을 주로 내놓고 있다.

봄 메이크업 트렌드는 기존의 복고적이면서 우아한 분위기에 자유스럽고 여유 있는 부드러운 표현을 중시하는 "내츄럴 로맨틱" 스타일로 패션 트렌드에 맞춰 내츄럴한 것이 특징이다. 파릇파릇 돋아나는 새순, 노란 개나리, 분홍 진달래가 어우러진 꽃밭을 표현하는데 투명 수채화가 재격이듯, 봄 메이크업도 투명 화장을 해야 돋보일 것이다.

봄 메이크업 요령

최대한 자연스러운 피부표현이 중요하다. 피부의 건강함을 살리는 대신 거의 안한듯하게 마무리하는 것이 포인트이다. 갓 운동하고 나온 듯 촉촉하면서 빛나는 피부 연출이 키워드이다.

〈 피부 화장 〉

화운데이션을 최대한 얇게 바른다. 혹 기미나 잡티가 있다면 크림 컨실러를 손 끝에 묻혀 잡티를 커버해 준 뒤, 투명 파우더를 이용해 빈들거림 없이 보송보송하게 발라준다. 흰색 블러셔를 이용해 T존 (이마와 코) 부위와 눈아래에 살짝 발라주어 피부를 투명하게 보이도록 한다.

〈 눈 화장 〉

베이지색을 눈두덩에 넓게 펴바른 뒤, 연두색 아이섀도우를 아이라인 그리

* 주제별 메이크업은 저자 이미자가 2003년~2005년 Beaty Club 잡지의 make up특강에 연재된 것임.

듯 쌍겹부위에 살짝 바른다. 단 얼굴이 크면 좀더 진하게, 작으면 좀더 연하게 바른다. 그리고 마스카라를 풍성하게 발라주면 봄 분위기 눈 화장이 느껴진다 (연두색 아이섀도우는 쉽게 사용하는 색상은 아니지만, 잘만하면 한껏 젊어 보일 수 있다).

〈 입술 화장 〉

연두색 아이섀도에 오렌지색 립스틱은 잘 맞는 칼라이나 자칫 잘못 하면 화장이 떠 보일 수 있으므로 오렌지색에 베이지 빛이 도는 색을 바른다. 그 동안 입술선을 그리던 습관을 과감하게 버리고 펄감이 있는 립그로스로 촉촉한 느낌으로 마무리 하는 것이 좋다. (립스틱을 바른 후 티슈나 면봉으로 살짝 지워낸 뒤 그 위에 오렌지 색에 베이지 빛이 도는 립그로스를 발라보자).

〈 볼 화장 〉

산호색 크림타입의 볼터치로 자연스럽게 마무리 한다. 젊게 보이려면 웃을 때 볼록 나온 부위에 연지 바르듯 크게 둥글게 발라주고, 둥근 얼굴은 코끝에서 귀 밑 선으로 사선으로 터치해준다. 붓에 남은 여분으로 양쪽 턱 아래 안쪽에서 귀뒷 쪽으로 쓸어주면, 턱 선이 또렷하게 표현 할 수 있다.

2. 나에게 맞는 화장법을 찾자

계절이 바뀔 때마다 가장 민감하게 변하는 것이 여자들의 메이크업 의상인 것 같다. 센스 있는 여성은 때와 장소에 따른 화장으로 자신의 이미지를 부각시킨다. 잠을 못 자고 밥은 굶어도 화장을 꼭 해야 하는게 여자이기도 하다. 남자가 가장 이해하기 힘든 여자의 행동 중 하나가 화장이다. 화장을 하는 이유는 자신의 여러 가지 성격 중 하나를 조금 더 강조해 보여주기 위해서다. 즉 자신의 모습에 상상력을 발휘해 보는 것이다. 중요한 것은 화장이 자신의 모습을 강화하는 수단이지 결코 바뀌는 것이 아니라는 점이다.

좋은 화장이란 어떤것인가

결론부터 말하자면 화장한 티가 안 나는 화장이다. 얼굴의 결점을 감춘답시고 가면 같은 화장을 해서는 안 된다. 자신의 취향과 개성을 드러내는 화장이 좋은 화장이다. 즉 자신의 얼굴에서 자신 있는 한 부분을 강조하는 방법을 말한다. 좋은 화장법 중에서 가까이 접할 수 있는 것이 연예인의 화장을 들 수 있다. 나와 비슷한 또래 연예인의 화장법을 통하여 내 스타일을 만들

내츄럴 메이크업의 이영애

그녀는 거의 화장을 안 한 듯 하다
이것이 내츄럴 화장법
최대한 얇게 바르고 꼼꼼하게 두드려주는 것이
이영애 화장의 포인트

내츄럴 화장법

1.세안 후 로션과 에센스를 손가락으로 바르고 톡톡 두드려준다
2.녹색 메이크업 베이스를 손가락으로 듬성듬성 얼굴에 발라 스펀지로 편다
3.베이지색 파운데이션을 얼굴 전체에 골고루 발라준다
4.다시 스펀지를 사용해 얼굴 구석구석 꼼꼼하게 두들겨 펴준다
5.하이라이트용 파운데이션 (처음보다 좀 더 밝은 색상의 파운데이션) 을 바른 다음 짙은 색 분을 퍼프로 발라준다
6.눈 화장은 거의 하지 않고 갈색 아이섀도로 눈두덩을 발라주는 정도만
7.화이트 펜슬로 눈 점막 위를 살짝 그린다
8.갈색 립 라이너로 입술 윤곽선을 그린다
9.아이섀도를 손가락으로 찍어 입술에 발라 매트한 립 메이크업을 완성한다

도회적이고 세련된 김남주

부드러운 카리스마의 그녀 도시적이며 당당해 보이는 자신감이 넘치는 세련된 메이크업이 특징

도시적인 화장법

1. 세안 후 기초화장품을 꼼꼼히 챙겨 바른다
2. 메이크업 베이스를 골고루 펴 준다
3. 베이지색 파운데이션을 얼굴 골고루 바른 후 스폰지로 꼼꼼히 두드려준다 (절대 밀지 않게 시술한다)
4. 분을 골고루 누르면서 펴 발라준 후 솔 붓이나 분첩 끝으로 털어준다
5. 한 톤 어두운 분 칼라로 윤곽 (들어간 부위) 음영을 준다
6. 눈 화장은 그 날 의상에 맞는 컬러와 한 톤으로 해주고 포인트 컬러를 눈꼬리에 살짝 넣어준다
7. 마스카라를 정성들여 바른 후 아이라인은 속 눈썹 사이사이에 바르고 아이라인을 길게 빼준다
8. 입술 라인을 또렷이 그려준 후 붉은 계열의 립 칼라를 바른 후 립그로스를 살짝 발라준다
9. 볼터치를 붉은 계열로 해준다

깜찍 발랄한 김현주

새침데기 깍쟁이 같은 말괄량이 발랄한 소녀의 이미지로 피부 화장은 최대한 얇게 하고 포인트 메이크업이 특징

포인트 메이크업

1.세안 후 기초화장품을 꼼꼼히 해준다

2.녹색 메이크업 베이스를 골고루 발라준다

3.베이지색 파운데이션을 얼굴 전체에 골고루 최대한 얇게 스폰지로 발라준다. 모공이 넓은 편이라 세심하게 발라준다

4.마스카라를 한 후 얼굴이 약간 긴 편이라 아이라인을 눈 밑에도 꼭 한다. 쌍커풀 라인은 블루 아이 샤도우를 펴 바르고 눈두덩이는 베이지 계열의 아이섀도를 바른다

5.입술은 오렌지 계열의 립그로스를 섞어 맑고 투명하게 마무리 한다

6. 터치는 오렌지 계열로 살짝 한다

참신한 여성미를 강조한 전인화

순수하고 참한 여성의 이미지를 연출하는 거부감 없는 지적인 화장법이 특징

여성스런 화장법

1. 투명 메이크업 베이스를 바른다
2. 분을 골고루 바르고 턱선 끝 부분을 붉은 색으로 감싸듯 살짝 붓으로 음영만 터치해준다. T 존 부위는 밝은 색 부분이나 펄인 섞인 분 칼라로 발라준다
3. 눈썹산은 절대 높이 살려 그리지 말고 에보니 펜슬로 한 듯 안 한 듯 부드럽게 그려준다
4. 아이섀도는 쌍커풀 부분에 살구색(흐린 주황색)으로 펴 바른 후 한 톤 진한 살구색으로 포인트를 준다
5. 볼터치는 얼굴에 윤곽을 주듯 바른다
6. 입술이 얇은 편이라 일부러 두껍게 그리지 않고 주황색(살구색) 립 칼라를 바른 후 같은 계열 립그로스를 덧발라 마무리한다

중년의 중후한 멋이 우러나오는 박정수

나이가 들면서 화장하기가 점점 힘들어진다
굵어진 주름, 칙칙한 피부색을 감추려고 자칫 두꺼워지는 화장을 하게 된다
깨끗한 마무리로 중후한 멋이 우러나오게 하는 화장법

중후한 화장법

1.세안 후 특히 기초화장을 기능성 위주로 마무리 한다
2.메이크업 베이스는 핑크색으로 피부색을 밝게 한다
3.파운데이션을 얼굴 전체에 골고루 펴 바른다. 특히 콧주름, 눈주름, 이마 등 유의해 잘 바른다
4.아이섀도 칼라는 한 톤으로 의상과 같은 계열의 색깔을 발라 넓게 펴 바른다 펄이 많이 섞인 제품은 눈가에 주름이 많은 곳에 사용하지 않는다
5.마스카라를 깔끔하게 마무리 짓고 아이라인을 그려준다
6.립 라이너를 그려준 듯 립 칼라를 발라준다. 특히 갈색톤은 얼굴이 칙칙해 보일 수 있으므로 삼가해 바라도록 하고, 같은 계열 립그로스를 덧 발라준다

뚜렷한 눈매 연출하는 아이메이크업 요령

① 눈썹 사이 메우기

자신의 머리카락 피부 톤에 맞는 브라운 계열 아이섀도를 선택해 각이 진 납작 붓으로 눈썹 사이를 메워주어 자연스럽게 그린다.

② 눈썹산부터 그린다

가장 높은 부분 눈썹산 에서 바깥 쪽을 그린 후 앞 머리 눈썹 산을 향해 그리면 자연스럽다

③ 옅은 색 섀도우로 베이스를 깔아준다

손 끝에 섀도를 묻혀 눈두덩 전체에 얇게 펴 바른다

④ 메인 컬러 바르기

베이스 칼라보다 한 톤 어두운 칼라로 눈썹 아이홀 안쪽에 바른다

⑤ 아이라인 그리기

눈을 반을 나누어 중앙에서 바깥쪽으로, 앞머리에서 중앙쪽으로 연결하도록 한다

⑥ 뷰러로 속눈썹 올리기

속눈썹이 축 처지게 되면 눈이 더 작아보인다. 뷰러로 속눈썹 뿌리부분을 잡아 힘주어올린다

⑦ 마스카라 바르기

속눈썹 뿌리 부분을 집중적으로 바르고, 눈썹 끝 부분을 빼듯 한올 한올 뭉치지 않게 올린다

3. 봄철 황사에 대처하는 메이크업

만물이 생동하는 봄, 따사로운 햇살과 살랑살랑한 봄바람.건조한 날씨에 황사까지 더해지면 피부는 최악의 환경이 만들어진다. 황사가 발생하면 석명(실리콘),카드늄,납,알루미늄,구리 등이 포함된 흙먼지가 대기를 황색으로 오염시켜 대기의 먼지량이 평상시보다 4배가 증가한다. 대기를 온통 뒤덮는 황사바람이 피부를 자극해 문제를 일으키기 쉽기 때문에 건조해진 날씨로 수분함량이 낮아진 피부에 각질이 생기거나 따갑고 울긋불긋한 뽀루지가 드러나기도 한다. 미세한 먼지는 피부가 건조해지고 때론 염증이 생기기도 한다.

메이크업전 피부관리

봄철 피부가 건조하고 자극을 받을 것 같다고 해서 유분이 많은 영양크림이나 에센스를 사용하다보면 피부에 부담감만 더해주고 먼지가 피부에 들러붙어 뽀루지가 생길 수도 있다. 보습전용 제품은 크림이라도 하더라도 수분공급과 함께 피부진정 효과가 있기 때문에 황사철 트러블을 다스려주는 데 효과가 좋다. 황사가 심한 날의 외출에 앞서 피부에 먼지가 직접 닿지 않도록 기초 화장을 꼼꼼히 챙겨야 한다.

- 보습력이 강한 베이스메이크업 제품이 요긴하다.

외출전에는 크림을 충분히 발라 보호막을 덮어 주고 꼼꼼한 베이스 메이크업으로 황사 먼지가 피부에 직접 와 닿는 것을 막아 주는 것이 좋다.

황사철 메이크업

황사철 외출 시 건조한 바람 먼지로 피부 손상을 막는 데는 메이크업은 중요하다. 외출 전 자외선 차단 제품을 사용해도 하루 종일 지속 되지 않으므로 자외선 차단 지수가 포함된 트윈 케이크나 파우더를 덧발라 주면 좋다. 외출전 화사한 상태의 메이크업을 완성하여도 외출 후 황사와 먼지 피지로 번지고 뭉친 메이크업이 나타나기 시작한다. 메이크업 제품을 자꾸 덧바르면 더 지져 분해 지고 두꺼운 화장이 되므로 처음부터 수정하지 않아도 될 정도의 꼼꼼한 메이크업이 가장 중요하다. 꼭 수정을 해야 할 경우엔 기름종이나 티슈를 이용해 피지를 제거하고 작은 솔로 얼굴에 먼지를 털어 준 후 수정 메이크업을 완성한다. 압축 콤팩트 파우더를 이용해 투명하고 깔끔하게 수정 한다.

피부 표현

촉촉하면서 빛나는 피부 화장이 메이크업 가장 큰 포인트이다.

섀도

비비드한 컬러로 눈두덩을 넓게 사용한 피부색과 유사한 바를 티가 나지 않는 자연스런 칼라로 촉촉한 느낌의 크림 타입 섀도가 강세이다. 컬러 라이너로 위아래 라인을 넓게 펴 발라 아이섀도처럼 사용하면 된다.

아이라이너

블랙 아이 라이너 금물, 특히 인조 속눈썹도 붙일 필요가 없다. 마스카라로 속눈썹을 길고 풍성하게 만든 것이 요령이다. 만일 속눈썹 숱이 없고 길지 않다면 속눈썹 연장술을 받아보는 것이 바람직하겠다.

볼터치

촉촉한 피부표현과 어우리는 직감의 크림타입 볼 터치로 한다. 기존의 고형 볼터치는 촉촉한 피부에 뭉치게 발라 질 수 있으므로 사용에 유의 한다. 핑크 보다 자연스런 칼라가 인기이다.

립그로스

건강이 살린 메이크업에 강한 색의 립그로스는 너무 튀어 보여 펄 감이 많은 연한 핑크계열로 선택한다.

외출 후 피부관리

1. 꼼꼼한 세안

귀가 후엔 피부에 남아있을 수 있는 황사 흔적을 깨끗이 씻어내어 건강한 피부를 유지할 수 있다. 색조화장을 했을 경우 클렌징 크림 등을 적정량 사용해 화장을 깨끗이 지운 뒤, 클렌징 폼으로 꼼꼼히 얼굴 피부에 묻은 황사를 닦아 낸다. 그러나 지나치게 잦은 세안은 오염을 제거하고 방지하는 천연 피지막까지 없애 피부를 건조하고 민감하게 하므로 주의해야 한다.

2. 피부를 진정시켜준다

봄볕을 받는 후 피부가 가렵거나 화끈거릴 수 있다. 이 때는 화장솜에 스킨로션을 듬뿍 적셔 피부위에 5분정도 올려 둔다. 스킨을 냉장고에 차게 식혀 두었다가 쓰면 좋다. 얼굴전체가 화끈거리면 수건, 화장솜에 녹차 우린 물을 적셔서 감싸면 좋다.

3. 영양공급, 팩, 마사지

건조하고 메마른 황사바람에 피부가 유난히 푸석거려 생기를 잃어갈 경우 간단하게 사용할 수 있는 시트 마스크나 피부에 자극을 주지 않는 씻어내는 형태의 팩을 사용해 영양과 수분을 공급해주도록 하자. 너무 유분감이 많은 팩을 사용하기보다는 산뜻한 사용감이 수분팩이나 식물성 팩이 적당하다. 10-20분 쯤 사용하는 것이 피부에 자극을 최소화할 수 있다.

4. 보습 크림, 아이크림, 자외선 차단제

보습전용 제품은 크림이라도 하더라도 수분공급과 함께 피부진정 효과가 있기 때문에 황사철 트러블을 다스려주는 데 효과가 좋다. 피부가 민감해지는 봄철엔 자외선 차단과 보습만큼 중요한 것이 아이케어다. 특히 눈가는 주위 환경의 변화에 가장 예민할 뿐만 아니라 건조해지기 쉽고 피부가 다른 곳보다 더 얇고 민감하여 세심한 주의가 필요한 부분이다. 아이크림을 아침저녁으로 잊지 않고 바랄주도록 한다. 입가도 빼먹지 말고 발라주는 것이 좋다.

자외선 차단지수 SPF는 자외선으로부터 피부를 보호해 주는 정도를 수치로 표시한 것으로 수치가 클수록 보호되는 정도가 큰 것을 의미한다. 장시간 외출시에는 자외선 차단제만 바르지 말고 자외선 차단지수가 포함되어 있는 메이크업 베이스,파운데이션,트윈케이크까지 꼼꼼하게 발라주어야 더욱 효과를 볼 수 있다. 노메이크업으로 외출할 경우에는 자외선 차단제를 두껍게 발라주는 것이 좋다.

4. 얼굴형에 따른 수정 메이크업

눈, 코, 입이 예뻐도 얼굴형에 따라 다르게 보일 수 있다. 메이크업을 잘 하면 얼굴의 크기가 반으로 줄어들 수 있다. 좁은 이마, 광대뼈, 사각턱, 볼 살 등을 메이크업으로 감추자.

〈 둥근 얼굴형 〉

둥근 얼굴형의 메이크업 포인트는 가늘고 시원스러운 눈썹에 있다. 대체로 이마가 좁은 형으로 굵거나 일자형 눈썹은 자칫 답답해 보일 수 있으므로 시원스런 눈매와 얼굴이 길어 보이는 것에 초점을 둔다.

1. 베이스 화장은 밝은 색과 어두운 색 두 가지를 선택하여 사용하고 이마 양 끝에서 턱선까지 진한 색의 화운데이션으로 음영을 주며, 이때 밝은 색 컨실러로 T죤 부위와 눈 밑 하이라이트를 주어 콧날이 날카롭게 보이도록 입체감을 줄 경우 볼이 수축되어 보이는 효과를 얻을 수 있다
2. 눈썹은 날카롭게 치솟은 모양으로 그려주고 끝이 각이지게 한다
3. 아이섀도는 앞머리에 포인트를 주어 사선 느낌이 들도록 색감을 준다. 코 벽을 따라 길게 노오즈 섀도를 준다
4. 볼 터치는 광대뼈 밑에 사선으로 발라 주면 한결 얼굴이 가름해 보인다. 볼 터치하고 남은 솔로 턱을 쓸어 주면 샤프한 턱선을 연출할 수 있다

5. 입술은 가로로 넓게 그리지 말고 입술 선을 각지게 그려 샤프한 느낌이 들도록 한다

〈 짧은 턱에 둥근 얼굴형 〉

턱이 짧고 둥근 얼굴 형은 한국인에서 많이 볼 수 있는 형태이다. 이 경우 자기 얼굴형을 살려 최대한 귀여운 이미지를 표현하는 것이 포인트이다. 얼굴의 양 측면에 쉐딩과 노오즈 섀도우를 바르고 이마, 콧등, 턱끝에 하이라이트를 주어 얼굴의 세로 길이를 강조하여 전체적으로 길어 보이도록 한다. 단 입술은 밝은 색으로 얇게 표현하여 짧은 턱의 단점을 보안하도록 한다.

〈 네모진 얼굴형 〉

얼굴형이 각진 사람은 메이크업을 함에 있어서 선보다는 면의 느낌을 포인트로 한다. 이마와 턱선이 넓으며 볼의 선도 직선에 가깝다. 얼굴이 부드럽고 여성스러운 이미지를 살리기 위해 이마와 턱선을 곡선으로 처리한다.

1. 베이스 화장은 양쪽 턱 부위,이마 양끝에 한 단계 어두운 파운데이션으로 음영을 준다. 경계선이 생기지 않도록 잘 마무리 한다
2. 눈썹은 연하고 부드럽게 표현해 주고 길게 그린다. 선적 표현은 자제한다
3. 아이섀도는 파스텔계열의 한 톤으로 부드럽게 펴 발라준다
4. 속눈썹은 아이래쉬와 마스카라를 이용해 최대한 올려 주어 눈매를 시원하게 해준다
5. 볼터치는 광대뼈에서 턱 끝을 향해 길게 발라 주어 둥근 형태로 한다
6. 입술은 넓은 턱선과 대비하여 각지게 그려주고 아래 입술은 두툼한 삼각형 형태로 그려 주어 립그로스를 촉촉이 발라 준다

〈 네모진 형에 뾰족한 턱인 얼굴형 〉

네모진형에 뾰족한 얼굴은 강한 선이나 칼라를 사용해서는 안된다. 메이크업 칼라 사용도 누드계열의 색상과 라인으로 부드럽게 표현하는 것이 중요

하다. 눈썹의 형태는 앞머리 부분보다 끝을 넓게 그려주고 콧등에 약간 펄이 있는 하이라이트를 주어 입체감을 주게 한다. 턱이 뾰족하므로 입술은 누드 계열의 색상으로 도톰하게 표현하고 연한 립 칼라를 사용한다.

〈 네모진형에 볼살이 많은 얼굴형 〉

볼살이 많고 네모진 얼굴의 자체 느낌은 둔해 보이므로 라인을 강조해 샤프한 느낌을 주는 것이 포인트이다. 전체적으로 강한 느낌의 색감은 선택하지 않도록 한다. 자칫 강해 보여 단점이 드러나 보일 수 있다. 눈썹은 최대한 아치형으로 그려 주고 아이라인도 길게 빼준다. 입술은 누드 톤으로 부드럽게 표현한다.

〈 긴 얼굴형 〉

얼굴이 긴 사람은 침착하고 성숙해 보이지만 실제 나이보다 더들어 보일 수 있으므로 전체적으로 내츄럴한 칼라의 선택으로 젊게 보이도록 활기를 불어 넣어 주는데 포인트를 준다

1. 한 단계 어두운 화운데이션을 이마와 턱 끝에 가로로 어둡게 처리해 긴 느낌을 감소시킨다
2. 눈썹은 일자형에 가깝게 그려 긴 얼굴이 분할되어 보이도록 한다
3. 아이섀도는 내츄럴 칼라로 자연스럽게 바르고 아이라이너를 길게 빼준다
4. 볼터치는 얼굴 위쪽에서 턱 밑으로 가로 방향으로 발라 준다
5. 입술은 옆으로 늘려 둥글게 그려 준다

〈 역삼각형 얼굴형 〉

이 얼굴형은 이마가 넓고 눈 사이가 멀며 턱선이 좁고 광대뼈가 있어 입술을 강조하는 메이크업으로 현대적인 느낌으로 표현해 준다.

1. 베이스 화장은 이마 양끝에 진한 파운데이션으로 음영을 주어 이마를 좁힌다

2. 눈썹은 곡선으로 갈매기 모양으로 그려 준다
3. 아이섀도는 엷은 색으로 펴 발라 준다
4. 볼터치는 핑크나 오렌지 계열로 광대뼈 밑에 사선으로 음영을 준다
5. 입술은 윤곽이 부드러운 곡선으로 입술보다 크게 그린다

〈 삼각형 얼굴형 〉

헤어라인의 경계선이 불규칙하고 이마가 좁고 광대뼈가 있으며 턱선이 넓고 눈 사이가 가까운 경우 40대 이후 풍만한 여성에게서 보이는 얼굴형이다. 턱에서 목에 이르는 오목한 부분에 음영을 주어 얼굴 윤곽에 포인트를 준다. 이마와 눈 주위에 파운데이션과 아이섀도 칼라를 밝게 하여 시선이 위쪽으로 가도록 한다. 그리고 눈을 강조해 주는 메이크업을 해 준다.

〈 마름모형 얼굴형 〉

얼굴에 살이 없어서 광대뼈와 턱이 발달한 얼굴형으로 총명한 인상을 주기도 하지만 자칫 나이들어 보이거나 날카로워 보일 수 있다.뾰족한 턱과 광대뼈를 섀딩해 얼굴을 부드럽고 둥글게 해 주는 것이 포인트이다.

1. 베이스 화장은 이마 양끝과 뺨에 하이라이트를 주어 전체적으로 둥글게 보이도록 한다
2. 눈썹은 너무 길지 않게 자연스럽게 그려 준다
3. 아이섀도는 따뜻한 계열의 색을 이용해 차가운 인상을 커버해 준다
4. 볼터치는 뺨 외곽 쪽으로만 연하게 섀딩을 주어 샤프한 인상을 강조해 세련되게 표현한다
5. 입술은 둥글게 그려주고 연한 베이지 또는 핑크 립스틱으로 바른 후 립그로스를 바랄 부드러운 인상을 연출한다

〈 광대뼈가 있는 얼굴형 〉

광대뼈가 있는 얼굴형은 날카롭고 강해 보일 수 있으므로 아이섀도의 칼라

는 파스텔 계통으로 선택하여 전체적으로 부드러운 인상을 주어야 한다. 미간을 넓게 잡고 눈썹을 두툼하게 각이 지지않게 부드럽게 그려 준다. 입술선은 두툼하고 볼륨감 있게 표현해 날카로운 얼굴선을 부드럽게 완화해 준다. 볼터치는 자칫 잘못해 광대뼈가 두드러져 보일 수 있으므로 주의해야 한다. 오렌지 계열의 색으로 광대뼈를 감싸듯 둥글게 펴 바르면 나이가 어려 보이고 부드러워 보인다.

〈 눈, 코, 입이 몰린 얼굴형 〉

눈,코,입이 몰리면 일단은 얼굴이 커 보이고 인상이 답답해 보인다. 최대한 시선을 분산시키는 메이크업이 포인트이다. 눈썹 앞머리를 커팅하여 최대한 미간을 넓혀 주고 눈썹을 바깥쪽으로 길게 빼주어 시원한 인상을 주도록 한다. 아이섀도는 눈썹 앞머리는 밝은 색으로 눈꼬리 쪽으로 점점 진한 색으로 펴 발라 준다. 입술은 양쪽 끝을 최대한 길게 잡아 그려준 후 립 칼라를 바른다. 진한 칼라는 자칫 답답한 느낌이 들 수 있으므로 연한 색으로 바른다.

5. 성공을 부르는 면접 메이크업과 직업별 메이크업

직장인이 되기 위해서는 꼭 거쳐야할 면접

첫인상은 5초-10초사이에 그 사람의 모든 것을 판단되어 질 수 있다고 한다. 첫인상이 나빠 손해 보는 경우도 생길 수 있다. 한번 인식된 인상은 그 이미지를 바꾸기가 쉽지 않다.특히 면접의 경우 서류전형에서 실력을 아무리 인정받아도 최종관문인 면접에서 얼마만큼의 점수를 얻느냐에 따라 당락이 좌우된다. 따라서 면접에서 좋은 인상을 주는 것은 아주 중요하다. 즉 지나치게 화려하거나 개성있는 스타일은 피하고 깔끔하면서 단정한 이미지를 심어 주어야 한다. 불안정하기보다는 침착하고 안정된 모습에 호감을 갖는다.

메이크업의 포인트는 튀지 않는 자연스런 메이크업으로 한다

피부화장

피부는 너무 진하지 않게 카라로 자신의 피부색과 동일한 화운데이션 칼라를 골고루 펴바르고 T죤 부위에 한 톤 밝은 칼라로 발라준다. 특히 요즘 두꺼운 화장은 가급적 피하고 잡티가 많은 피부는 컨실러를 이용해 잡티부분에 작은 붓이나 손끝에 묻혀 발라준다.

눈화장

눈은 얼굴의 가장 중요한 부분이며, 시선이 가장 오래 머무는 곳이므로 특히 유의해 화장을 해야 한다. 컬러플한 색은 지적인 이미지를 감소시키므로 부드러운 컬러나 중간 톤을 선택한다. 너무 진한 눈썹은 자칫 인상이 강해 보일 수 있으므로 중간 톤의 섀도컬러로 그려준다. 화이트 섀도를 눈전체에 바르고 눈 밑부분도 적당량을 바른다.베이지 계열의 아이 섀도를 아이 홀에 가볍게 발라 준다. 쌍꺼풀에는 브라운과 오렌지 색상으로 눈매가 또렷해 보이도록 음영을 넣어주고 시원한 느낌을 살리기 위해 언더라인에 살짝 섀도를 발라준다.리퀴드 아이라이너와 마스카라로 눈매의 깊이감을 더하고 풍성한 긴 속눈썹은 눈매를 돋보이게 한다. 컬이 뭉치지 않도록 주의해 사용한다.

입술화장

얼굴에서 두 번째로 시선이 가는 곳으로 지적인 이미지로 단정하게 보이려면 브라운톤 색상이나 살구색 계열의 립그로스를 선택하고 입술선이 불투명할 경우 펜슬로 라인을 잡아주고 처진 입술은 꼬리를 올려 그려준다. 너무 진하지 않은 컬러를 선택하고 립스틱과 라인이 동떨어져 보이지 않게 그라데이션이 되게 발라주고 립그로스로 덧바르면 생기있어 보인다.

볼화장

얼굴의 혈색을 좌우하는 역할을 한다. 살구색 계열의 컬러로 둥근 얼굴형은 입꼬리를 향해 직선으로 발라주고 긴얼굴형은 눈동자를 향해 바르며 각이진 얼굴형은 턱을 향해 발라준다.

지원하는 직종에 따라 메이크업은 다르다

대기업이나 일반사무직에 지원할 경우

내추럴한 스타일로 차분한 이미지를 주도록하고 두꺼운 화장대신 자연스럽게 잡티를 커버해 주고 눈썹은 선명하고 각지게 해 자신감을 드러낸다. 아이섀도는 부드러우면서 거부감이 없는 파스텔 컬러가 효과적이다. 진한 아이라이너나 마스카라는 피하고 립스틱혈색이 느껴지는 레드나 브라운 컬러로 발라준다.촉촉하면서 부드러운 리퀴드 타입으로 사용한다.

디자이너, 카피라이터 등 전문직인 경우

밝고 환한 인상을 줄 수 있는 세련된 스타일을 강조해야 한다. 이를 위해서는 의상색상과 같은 계열의 톤으로 메이크업을 하고 피부색은 한 톤 밝고 환하게 하는 것이 좋다. T죤 부위에 하이라이트를 주는 것도 한가지 방법이다. 세련된 감각을 느낄 수 있도록 펄이 들어간 아이섀도를 사용해 눈매가 선명하도록 표현하다. 볼륨감이 넘치는 입술과 선명한 색상으로 도전적이며 감각있는 인상을 주는 것도 필요하다.

직업별 메이크업

사무직

피부화장 : 너무 두껍지 않게 한다

눈화장 : 강렬한 톤은 피하고 내추럴하고 갈색계열이나 연한 퍼플계열로 한다

입술화장 : 단정하고 차분한 느낌의 매트한 립스틱으로 한다

볼화장 : 은은하게 얼굴형을 고정해 주는 컬러로 살짝한다

의상에 따라 아이새도나 입술컬러로 변화를 준다

서비스직

피부화장 : 한 톤 밝은 색상을 이용해 밝게 보이도록 하며, 파우더는 살구색으로 한다

눈화장 : 아이새도 컬러는 유행하는 색은 사용해도 좋으나 스모키 메이크업은 금물이며, 브라운, 베이지,핑크색이 무난한 색상이다

입술화장 : 거부감이 느끼지 않는 발랄한 컬러를 선택해 핑크, 베이지, 레드가 잘 어울린다

볼화장 : 혈색이 있어 보이도록 살구빛, 치키 블러셔로 광대를 감싸듯 발라준다

전문직

피부화장 : 피부색괴 동일한 컬러 화운데이션을 발라준다.사람에게 단정하고 편안하게 느겨지는 친근감있는 인상이 좋다

눈화장 : 요라한 컬러보단 무난한 브라운 계열이 좋다

입술화장 : 깔끔한 라인으로 마무리해 준다. 눈화장이나 입술 화장 중 한가지를 선택해 좀더 강조해 주는 것이 세련되어 보인다

볼화장 : 전체적으로 얼굴형을 교정해주듯, 살구빛,치키 블러셔로 광대를 감싸듯 발라준다

가장 실수 많이 하는 메이크업

1. 눈썹을 짝짝이로 그린다

바쁜 아침에는 눈썹을 짝짝이로 그리기 쉬우며, 잘못 그려진 눈썹은 면봉에 로션을 묻혀 깨끗이 지운 다음 파우더로 살짝 눌려 준 후 그려준다

2. 컨실러가 뭉쳤다

손쉽게 컨실러로 잡티를 커버한 후 파우더로 마무리하는 투명메이크업이 유행은 자칫 잘못하면 컨실러가 쳐질 수 있다. 이 경우 라텍스 스폰지로 닦아낸 후 파우더로 마무리한다

3. 목색깔 따로 얼굴색깔 따로

목에 비해 얼굴이 너무 밝을 때는 목에 로션을 바른 후 파우더로 두드리듯 발라준다

4. 아이섀도우가 뭉쳤다

손가락이나 퍼프를 이용해 뭉친 부분을 문질러 얇게 펴 주며 만일 펴지지 않고 더 지저분지면 로션을 묻혀 퍼프나 면봉으로 깨끗이 지워준 후 화이트 섀도를 바른 후 다시 섀도를 바른다

5. 아이라인이 짝짝이

면봉에 로션을 발라 지우고 다시 그린 후 마스카라를 듬뿍 발라 일시적으로 커버한다

6. 펜슬이나 섀도우가 번졌다

부드러운 소재의 펜슬은 잘 번진다. 눈의 구조에 따라 잘 번지는 눈은 딱딱한 펜슬을 사용하고 면봉으로 닦고 파우더나 동일색 섀도로 덧 바른다

7. 번들거리는 피부

화장 후 시간이 지나면 기름종이로 유분기를 찍어 내고, 화운데이션을 바른 후 휴지로 스폰지를 감싼 후 얼굴 전체를 한번 화운데이션을 눌러 준 후 파우더를 바른다

8. 마스카라가 뭉쳤다

마스카라를 바른 후 이쑤시개의 뾰족한 부위로 뭉친 눈썹을 가닥가닥 떼어준다. 많이 뭉쳤을 때는 속눈썹 아래 티슈를 데고 면봉에 크린싱을 발라 닦아낸 투명마스카라로 한번 바른 후 마스카라를 발라준다

9. 화장이 떴다

스펀지에 로션을 발라 닦아 문질러 펴준 후 가볍게 파우더를 덧바른다

10. 립스틱 컬러가 마음에 들지 않는다

크린싱 티슈로 입술을 닦아낸 후 파우더를 살짝 바른 후 립 컬러를 다시 바른다

6. 혈액형에 맞는 Make Up 스타일

어떤 자리에서든 화제거리는 혈액형 이야기이다. 성격, 연애 학, 패션 스타일 등 맞으면 좋고, 맞지 않아도 그만이지만 자신의 혈액형의 단점을 보완하고, 장점을 강조해 줄 수 있는 그야말로 금상첨화인 될 수 있는 메이크업 스타일을 선택해 보자. 최근 좀더 예뻐지기 위해 하던 성형수술이, 이제는 운을 좋게 하는 귀족 수술로 팔자 주름, 코, 입 주변 이마를 동그랗게 만드는데 관심이 많아지고 있는 때에 혈액형에 따라 성격을 보완해주는 메이크업 스타일로 좀더 자신감 있는 삶을 살아가는데 이용해 보자.

A형 타입

여성스럽고 깔끔한 스타일로 꼼꼼한 패션 스타일을 즐긴다. 만날수록 여성스러움과 마음 씀씀이 등으로 점점 그 매력이 나와서 괜찮은 여성이라는 말을 하게 될 것이다. 말이 많지도 않은 소극적인 A형 여성은 조직의 무늬 보다는 색깔을 먼저 고르는 편으로, 유행에도 민감한 편이라 옷을 잘 입는 사람이 많다. 상황에 잘 대처하여 결코 틈을 보이지 않고, 자신을 보호하려는 이미지가 강해 좋은 만남을 놓치는 경우가 있을 수 있다. 차갑고 똑 부러지는 사람으로 인상을 줄 수 있으므로 여성스러운 차림에 귀여운 스타일로 메이크업해 좀더 친근감 있고, 부드러운 인상으로 변화해 보자.

〈 귀여운 메이크업으로 변신 〉

피부톤에 따라 다르지만 파스텔 계열의 색상을 기본으로 핑크나 오렌지 계열과 미세한 펄을 이용해 포인트를 준다. 특히 이미지의 완벽한 조화를 위해서는 헤어나 의상에도 사랑스러운 이미지를 연출하면 효과적이다.

(피부화장)

핑크, 베이직 색상의 화운데이션을 소량을 바른 후, 잡티있는 부위만 컨실러를 이용해 커버해준다. 투명 파우더를 얼굴 전체에 바른다.

(눈화장)

눈썹은 각지지 않게 다크 브라운 색상으로 자연스럽게 그려주고, 눈 전체에 화이트로 발라준 뒤, 쌍겹 윗부분에 파스텔 톤의 핑크 색상을 발라준다. 투명 펄을 이용해 눈꼬리에 살짝 덧칠해 준다. 아이라이너는 동그란 느낌으로 굵게 그려주고, 진하지 않으며, 눈썹 사이사이를 메꾸듯 그려준다. 마스카라는 인형같은 이미지를 충분히 살려 인조 눈썹을 붙이고 한번더 덧발라 준다.

(볼화장)

핑크색상을 붓에 묻혀 혈색이 있어보이게 사선보단 동그랗게, 웃을 때 볼록 나오는 광대뼈에 그려주고 조금씩 여러번 덧 발라 준다.

(입술화장)

입술산 라인으로 살짝 터치해준 뒤 연한 핑크색 립그로스로 발라주고 입술 중앙에 포인트를 준다.

B형 타입

혈액형을 얘기할 때 최고의 화제는 B형. 마음이 넓고 무난한 성격을 지니고 있어 자신보다는 남을 먼저 배려해 주는 마음을 가지고 있다. 개성이 강하면서 독특한 패션 무늬나 색상 등 평범한 것을 거부하는 B형은 강한 인상을 주는 스타일을 조금 단순화 시키는 것이 관건이다. 적절한 색상에 단정한 세련미가 돋보이는 메이크업을 선택하자.

〈 단정한 메이크업으로 변신 〉

깨끗한 이미지로 최대한 연출해, 단정하고 정숙한 이미지는 여러 색을 사용하지 않고, 메이크업 스타일로 선보다는 면을 살려주는 깨끗한 피부표현으로 투명하게 메이크업한다.

(피부화장)

화운데이션을 최대한 소량으로 사용해 피부를 투명하게 나타낸다. 잡티가 있는 부위는 컨실러를 이용해 커버한다.

(눈화장)

베이지색으로 눈두덩이 위에 펴 바른 후, 의상의 칼라 중 한가지 칼라를 선택해 포인트 색으로 눈 쌍겹 부분에 살짝 발라준다. 브라운 칼라로 눈썹 형태를 따라 자연스럽게 그려준 후, 투명 마스카라로 빗어주듯 브러쉬 해준다. 아이라이너로 눈의 형태대로 깔끔하게 속 눈썹 사이사이를 메꾸어 주듯 그려준다.

(볼화장)

오렌지 계열의 산호색으로 어리게 보이려면 둥굴게 성숙되어 보이는 스타일을 원하면 사선으로 조금씩 묻혀 반복해 그려준다.

(입술화장)

주홍색에 펄이 든 립그로스 칼라로 입술산 라인을 그린 후 그 위에 덧 발라준다.

O형 타입

밝고 쾌할한 O형은 비교적 누구에게나 친근감을 갖게 하는 인기가 많은 성격이다. 애교도 있고, 항상 웃는 얼굴에 표정이 풍부하다. 정열적으로 애정이 깊이 자신보다 약한 사람에게 독점력도 있어 보여 상대에게 강한 인상으로 보일 수 있으므로 좀더 여성스럽고 우아한 면이 강조된 세련된 메이크업을 선택해 보자.

〈 우아하고 여성스러운 메이크업으로 변신 〉

여성스러운 메이크업은 무엇보다 색깔을 부드러운 파스텔톤을 사용함으로 상대방으로 따뜻한 느낌이 들도록 하고 거부감 있는 칼라를 자제해 사용하는 것이 메이크업 포인트이다.

(피부화장)

베이지나 약간의 핑크계열로 최대한 피부색에 맞는 화운데이션을 발라주고, 잡티 부분을 컨실러를 이용해 커버해준다. 베이지색 파우더로 화운데이션이 뜨지 않게 발라준다.

(눈화장)

눈썹은 각지지 않게 부드러운 브라운 색상으로 자연스럽게 눈썹 형태로 그려준다. 눈전체에 연한 살구색으로 펴 바른후, 좀더 진한 살구빛으로 쌍커플 부분에 포인트로 발라주어 따뜻한 느낌의 색깔을 표현해 준다. 아이라이너는 눈의 형태를 따라 또렷하게 그려준다. 마스카라는 풍성하게 한올한올 자연스럽게 올려 발라준다. 눈이 작은 경우 자연스럽고 풍성한 속눈썹을 붙힌 후, 마스카라를 덧발라 준다.

(볼화장)

살구색 계열을 볼에 발라 얼굴형이 둥글면 사선으로, 각이진 얼굴은 둥글게 그려준다.

(입술화장)

주홍색 립 칼라로 입술산을 라인으로 그리고 립그로스를 덧발라 마무리 해준다.

AB형 타입

지적인 무드와 세련된 센스를 갖춘 AB형. 매우 능숙한 대화로 화제가 풍부하고, 어떤 사람과도 얘기를 맞출수 있는 스타일이다. 논리적이고 이지적이여 때론 차가운 인상이 강해 보이기도 하다. 자신의 기분이나 컨디션에 따라 스타일이 바뀌는 AB형은 한가지 스타일로 단정짓기 어려운 혈액형이다. 주로 귀여운 공주풍의 스타일을 좋아하므로, 심플하고 세련된 스타일의 메이크업과 스타일을 접목해 보면 금상첨화가 될 것이다.

〈 심플한 스타일로 변신 〉

심플한 스타일은 아이섀도색, 의상색, 모발색 등 2~3가지색의 조화된 색으로 사용하여 자연스럽게 어우러져 보이는 스타일로, 소품도 같은 색상으로 연출해 심플하면서 세련된 이미지로 연출한다.

(피부화장)

피부색에 가장 가까운 화운데이션을 선택해 바른다. 컨실러로 잡티를 커버해준 뒤, 투명 파우더를 발라 준다.

(눈화장)

눈썹은 각지지 않게 다크 브라운으로 무난한 형태로 그려준다. 눈 전체에 베이지색으로 펴 발라준 뒤 쌍겹 윗부분에 그날 의상보다 한톤 어두운 칼라에 포인트색을 발라준다. 아이라이너는 가늘고 길게, 진하지 않게 그려준다. 마스카라는 깔끔하고 풍성하게 발라준다.

(볼화장)

아이섀도에 어우러지는 컬러를 선택하고 오렌지 칼라의 얼굴형에 따라, 둥글게 발라준다.

(입술화장)

베이지 빛도는 살구색이나 핑크 계열을 입술산 윤곽에만 라인으로 그려주고 같은 계열의 립그로스로 덧 발라준다.

7. 더위를 식혀 줄 여름 메이크업

여름 메이크업 경향은 푸른 바다,맑은 하늘과 비슷한 블루.화려한 핑크빛이 여성들의 관심을 끌 것이다.반짝이는 펄을 이용한 시원해 보이는 푸른빛 눈매를 강조한 메이크업이 유행할 것으로 보인다. 패션업계의 화사한 꽃무늬 영향을 받아 단정한 메이크업보다는 크림타입의 파스텔 톤이 강하면서도 알록달록한 빛깔의 소녀의 풍 메이크업이 강세. 전반적으로 짙은 화장보다는 눈이나 입술 등에 자신만의 색깔을 포인트로 표현하는 것이 중요하다.

1. 여름철 메이크업

강한 햇빛과 화려한 여름옷에 어울리는 시원해 보이는 여름 화장법은 천진한 10대 소녀들이 놀이삼아 메이크한 것 같은 컬러플하고 제멋대로 화장한 것이 트렌드이다.

- 색채대비가 강한 화려하게 세련미 강조
- 이국적이고 강렬한 펄 제품 활용
- 투명하고 반짝이는 효과를 주는 건강한 피부색 강조

피부화장

각기 다른 색의 두가지의 화운데이션을 이용해 피부에 최대한 얇게 밀착시킨다. 블루 컬러가 돗보이게 하려면 환한 피부 표현이 중요하다. 기존 파우더와 펄 파우더를 같이 발라 마무리 하며 한결 그로시한 느낌의 피부표현을 연출할 수 있다.

눈썹화장

자연스럽게, 갈색 섀도나, 회색 에보니 펜슬을 이용해 바른 후, 브러쉬로 빗어주듯 색깔을 펴 준다.

아이 섀도

여름에 블루 컬러를 돋보이게 하려면 먼저 눈두덩이에 흰색 섀도를 펴 발라준다. 그 다음 파스텔 계열의 블루를 베이스로 발라 준 뒤 한톤 짙은 색상의 블루 색상으로 쌍커플 사이에 포인트를 주어 발라준다. 눈썹뼈에 하이라이트를 준다. 크림타입의 섀도를 포인트 칼라로 사용해도 좋다.

볼터치

옅은 핑크와 화사한 오렌지를 색상을 사용해 발랄한 느낌을 준다

입술

립라이너는 사용하지 않고 펄감있는 립글로스로 마무리해 준다.

2. 바캉스에 어울리는 메이크업

더운 여름 파우더나 트윈 케이크를 계속해서 덧바르면 피부가 두꺼워져 메이크업이 망치게 될 수 있다.

- 워터프루프(방수) 마스카라로 속눈썹만 깨끗하게 표현하자
- 메이크업 베이스로 피부톤을 정돈한다
- 손가락을 이용해 글리터를 얼굴에 펴 발라 피부를 촉촉하게 연출하며, 글리터가 없다면 파운데이션만 얇게 바르고 파우더는 사용하지 않아도 된다
- 피부톤과 통일감을 주기 위해 글리터를 눈에 바른다
- 치크 컬러도 피부 표현과 같은 느낌으로 표현하기 위해 크림 타입 블러셔를 이용하는 것이 좋다
- 섀도 색감을 은은하게 하고 아이라인을 퍼플 컬러로 그려 부드러운 느낌을 주는 대신 워터 프루프(방수) 마스카라로 속눈썹을 강조하며, 리얼 롱래시 마스카라, 블랙 마스카라 혹은 플래시 블루 컬러 마스카라를 사용한다

3. 태닝한 얼굴에 메이크업

태닝한 얼굴이야 말로 강렬한 메이크업이 필요하다. 태닝 얼굴은 밋밋한 화장은 촌스럽게 보일 수 있으므로 입술이나 눈에 포인트를 주자. 스모키 메이크업을 하더라도 그을린 피부에는 진하다고 느껴지지 않는다. 네이비 블루나 퍼플, 골드 컬러가 태닝한 피부에 잘 어울린다. 스모키 메이크업을 할 때 포인트 색상들 눈두덩 위로 넓게 펴 바르지 않고 쌍커풀 부위에만 포인트를 주면 세련되고 섹시한 스모키 아이를 만들 수 있다.

4. 여름 메이크업 꼭 알아야 할 것

- 피부를 지키는 화장법으로 해야 한다
- 낮 시간엔 자외선 차단제를 꼭 발라주어야 하며, 밤시간에 영양공급을 충분히 해준다
- 눈이 면, 눈 입이면 입 하나만 강조한다
- 시원해 보이는 이미지로, 피부톤을 절대 두껍지 않고 최대한 얇게 한다
- 화장이 번져 보이지 않게 워터 프루프 제품을 사용한다
- 피지가 번들거리지 않게 한다
- 차가운 화장수를 잘 활용해 사용한다

5. 워터 프루프(방수) 화장품의 기능

여름철 비와 땀에 강한 화장품의 필수품이라면 단연 워터 프루프화장품을 꼽는다. 화장을 하고 난 후 땀으로 번지고 얼룩져 아니한만 못한 경우가 생긴다. 워터 프루프 화장품을 적절히 사용해 깔끔하고 오래 지속되는 화장품을 알아본다.

마스카라 제품들

- 워터프루프 마스카라를 사용하면 간혹 눈이 빨개지고 자극이 생기는 분들이 많은데, 바를 때 최대한 누가 피부에 닿지 않게 사용해야 한다
- 오후가 되면 일반적인 마스카라처럼 눈밑에 가루가 떨어지거나 묻어나는 일은 없으며. 비나 땀에 번지지 않아 효과가 크나 많은 양의 리무버를 화장솜에 적셔 한참 올려 놓은 후 닦아내야 하는 불편함이 있다
- 일부 워터 프루프 마스카라의 경우 물놀이와 잠수놀이를 한 후에도 비비지만 않으면 모양이 크게 망가지지 않는 제품도 있다

아이라이너 제품들

- 크림젤 타입의 아이라이너의 제품은 지속력이 오래 가며, 오후에 덧바르면 뭉친 듯 라인이 두꺼워 어색해 보인다
- 수정을 원하면 완전히 지우고 다시한다
- 일반적인 아이라이너 제품은 오후가 되면 눈 주위가 검게 얼룩지는 것이 문제인데 워터프루프 제품은 이러한 현상이 일어나지 않는다
- 얼굴이 젖은 상태에서 눈을 비비면 미세하게 지워진다. 눈꼬리 부분은 한두번 수정한다

립컬라 제품들

- 여름 음료수나 음식물을 섭취한 후 그 때마다 입술을 다시 수정하는 것은 귀찮은 일이지만 워터 프루프 제품은 쉽게 지워지지 않는 장점을 지니고 있다
- 입술 중앙에 한두번 찍어 손으로 살살 문질러 색을 조절한다
- 립 글로스나 립밤 등을 살짝 덧 발라 사용하며, 보통의 립스틱보다 건조하므로 보습베이스를 깔아 준 뒤 사용하면 된다

8. 문신 & 퍼머넌트(Permanent) 화장법 제대로 알고 하자

나이가 들면서 초롱초롱했던 눈망울이 희미해 지고 숱이 많던 눈썹은 숱이 빠지고 색깔이 옅어져 점점 그리기 힘들어 진다. 입술은 몸 안에 있는 멜라닌 색소의 감소로 입술색은 엷어져 선명도를 잃게 되고, 입 주변은 각종 입병과 물집의 흔적으로 입술 라인이 불투명 해진다. 나이가 들수록 외모에 대한 자신감이 없어져 문신에 대한 관심이 많아지게 되고 주변의 권유로 행해지고 있다.

문신과 퍼머넌트 화장법은 피부조직에 색소를 주입하는 특수화장법으로 오래전부터 국내에서 음성적으로 행해지고 있다. 예전에 문신은 시간이 흐

플수록 푸르딩딩한 색으로 변하고 심지어 혐오감을 주는 강한 인상을 주어 좀더 예뻐지려다 도리어 큰 낭패를 보는 경우가 많다. 잘못된 문신은 지우는 것이 가장 좋은 방법이긴 하나, 비용이 그리 만만치 않다. 따라서 기존의 잘못된 문신을 부드럽게 커버해주는 화장법을 소개한다.

문신을 하는데 있어서 꼭 알아야 할 것

우리는 문신을 할 때 색조 화장을 한 것처럼 하기를 원한다. 하지만 그것은 큰 낭패가 아닐 수 없다. 영구화장이란 내 모습을 좀더 뚜렷한 선을 주는 것, 즉 내츄럴한 모습 투명한 화장을 한 듯한 모습이 가장 이상적인 방법이라 생각한다. 미국이나 유럽 사람들도 문신을 많이들 한다 하지만 우리나라 여성들처럼 문신을 한 것처럼 티가 나는 사람은 전혀 찾아 볼 수 없다.

눈썹이 없을 경우엔 희미한 눈썹을 눈썹과 동일한 칼라로 눈썹이 나지 않은 부위를 채워주기만 했다. 전문가들도 알아보기 힘들 정도로 최대한 자연스럽게 시술한다. 아이라인 역시 마찬가지 이다. 속눈썹 사이사이 빈곳을 채워주는 것이 이상적이며 가능한 꼬리를 길게 빼주는 것 보단 기존의 속눈썹 난 곳 까지 혹은 눈의 형태 크기를 보완 할 때 약간 크거나, 처지고 내려 간 것을 고려해 보안해 주는 정도의 선이 가장 좋다.

또한 입술색은 본인이 가지고 있는 칼라의 색을 입라인만 뚜렷이 정리해 그려주는 것이 좋다. 우리는 한톤, 두톤 어두운 칼라나 전혀 입술 색과 상관없는 붉은 칼라로 많이 시술을 한다. 문신을 함에 있어 칼라에 욕심을 내어 강한 칼라를 주입할 경우 만족치 못한 결과를 얻을 수 있으므로 전문가와 상담하여야 한다. 한번 시술로 3~5년 동안 지속되므로, 얼굴 형태에 따라 눈썹의 모양이나 아이라인의 길이와 굵기, 입술의 색깔 등 본인의 피부색, 머리색 등을 고려해 한다. 즉 화장은 상대방에게 협오감을 주지 않고 좋은 인상을 주기 위한 것임을 알고 한 설문지에서 조사한 내용을 화장하는데 참고하길 바랍니다.

〈남자들이 가장 싫어하는 화장 스타일〉

1위 : 공포영화의 주인공 같은 새빨간 립스틱

2위 : 문신한 듯 짙고 굵은 눈썹

3위 : 긁으면 묻어나올 것 같은 두꺼운 피부 화장

4위 : 뺨 맞을 듯 진한 볼 터치

5위 : 멍인 든 것 같은 시퍼런 아이 섀도

6위 : 기름을 바른 듯 번들거리는 립글로스

7위 : 팬다처럼 그늘진 다크 서클

8위 : 떨어 질 듯 무거워 보이는 속눈썹

문신을 보완하는 화장법

1. 진한 눈썹 수정법

눈썹이 윤기 있고 고른 결은 인상이 깔끔해 보인다. 잘 정돈된 눈썹은 화장의 70%를 차지할 정도로 인상에 많은 영향을 미친다. 진하고 굵은 눈썹은 자칫 고집스럽고 심통스럽게 보일 수 있으므로 우선 화운데이션을 바를 때 스펀지에 묻은 남은 여분으로 눈썹 문신 부위 두드려 준다. 파우더를 하고 남은 분첩으로 두드려 준 후, 눈썹 빗으로 살짝 털어 주듯 빗어 준다.

- 회색빛으로 푸르딩딩한 눈썹은 갈색을(붉은 빛이 나지 않는) 작은 붓에 묻혀 붓을 한두 번 털어 주거나 손등에서 발라 본 뒤, 눈썹 결대로 바르며 색깔을 덧입히듯 색을 조절한다. 처음부터 진한 색 사용은 금물이다
- 갈색으로 문신한 눈썹은 문신이 되어 수정을 원하는 분은 작은 붓에 섀도 칼라 진갈색에 검정을 살짝 묻혀 손등에서 색깔을 섞어준 후 색을 눈썹 모양대로 그려준다
- 눈썹이 굵게 된 사람이 좀더 얇게 그려주고, 굵은 것을 원하면 좀더 넓게 그려준다

〈 얼굴형 별 어우리는 눈썹 스타일 〉

둥근형 : 적당한 굵기와 길이로 눈썹 산에 1/3을 각 지게(커브) 그려준다

역삼각형 : 눈썹길이의 1/2에 산을 그려준다

달걀형 : 적당한 굵기에 눈썹 산을 둥글게 연결 시켜 아치형으로 그려준다

사각형 : 곡선으로 매끄러운 아치형이나 조금 커브를 준 직선적 눈썹으로 그려준다

긴형 : 적당한 굵기에 직선적인 느낌으로 그려준다

〈 표준 눈썹 형태 〉

- 눈썹머리는 콧 망울과 일치되는 지점에서 시작된다
- 눈썹머리와 눈 꼬리는 일직선상에 놓이게 된다
- 눈썹꼬리는 콧 망울과 눈 꼬리를 연장시켜 만나는 지점까지 정한다
- 눈썹산은 눈썹 길이의 $\frac{2}{3}$ 지점에 오도록 한다

2. 문신 아이라인 수정법

올바른 아이라인은 속눈썹 사이사이 모근이 없는 부위를 메우듯 적당한 굵기의 라인을 그려 주는 것이 좋다. 특히 가장 많이 실수하는 곳이 눈 꼬리 부분이다. 가능한 속눈썹이 끝나는 눈꼬리 부분에서 마무리 되는 것이 좋다. 하지만 눈 꼬리 산을 강하게 치켜 올리거나, 아래 속눈썹과 연결시켜 부자연스럽고 답답해 보일 수 있다.

기존 문신 색깔은 시퍼르딩딩하게 보이고, 색소가 퍼져 보이므로, 두껍게 문신이 된 경우 기존의 영구 문신을 한두 번 레이저로 빼주어도 잔액이 피부 속에서 깨끗이 지워지지 않고 남아 있어 빼줌으로 좀 더 자연스러운 느낌으로 연출할 수 있다. 수정법은 아이라인 붓에 소량의 크림타입 화운데이션을 잘못된 아이라인 부위를 따라 발라준다. 작은 붓끝에 파우더를 묻혀 아이라인 위에 덧발라준 후 검정 마스카라나 속눈썹 솔로 속눈썹을 쓸어 준다.

3. 입술 문신 수정 법

지나치게 붉은 색을 넣어 마치 잠들어 있을 땐 섬 듯한 느낌이 들기도 해 인조미인 같은 느낌이 특히 많이 드는 것이 입술이다. 수정법은 지나치게 붉거나 진하게 라인이 강조된 입술은 여분의 화운데이션 스펀지로 입술을 살짝 가장자리를 주로 눌러 준다. 남은 여분의 파우더로 입술위로 눌러주고, 연한 오렌지 계열이나 핑크계열의 펄이 든 립그로스를 가볍게 발라 준다.

반영구 화장법 (Permanent Make Up)

퍼머넌트의 사전적 의미는 "고정된" 의미를 담고 있으며 일반적인 화장법 비해 지속력이 강한 메이크업이라고 할 수 있다. 땀이나 물에 지워지지 않아 지속적으로 얼굴의 아름다움을 유지시켜주는 메이크업의 일종이다. 문신과 퍼머넌트 메이크업(반영구 화장법)의 차이는 문신이 피부의 진피 층까지 색소를 침투시켜 평생 지워지지 않으며 자연스럽지 않고 수정이 불가능한 반면에 퍼머넌트 메이크업은 표피층까지만 색소를 주입하여 1~3년 정도 화장효과를 지속시키며 천연 식물성 색소을 사용함으로써 피부에 무리가 없다.

〈 시술 대상자 〉

① 바쁜 아침시간에 화장할 여유가 없는 직장 여성
② 나이가 들면서 체질적으로 눈썹 숱이 적어지는 분
③ 땀을 많이 흘리거나 운동을 즐기는 사람
④ 화장품에 알레르기가 있는 사람
⑤ 눈이 유난히 작거나 눈의 형태가 몰려 있거나, 올라가거나, 내려가, 있어 보일 때.
⑥ 입술 라인이 또렷하지 못할 경우
⑦ 입술 색깔이 검푸른 경우
⑧ 눈썹탈모, 화상 후 흉터 등 질병으로 인한 입술 형태가 변형된 경우

9. 시간(Time),장소(Place),상황(Occasion)에 따른 메이크업과 조명

시간(time), 장소(place), 상황(occasion)에 따라 화장을 다르게 하는 것으로 메이크업 효과를 극대화하기 위해서는 전체적인 코디네이션이 매우중요하다.즉 학생은 학생답게 직장인은 직장인답게 보여야 하면, 저녁 모임을 위한 자리라면 화려해도 무방하나 때에 따라서는 차분하며 성숙된 화장법도 익힐 수 있어야 한다. 센스 있는 여성은 때와 장소, 상황에 맞게 메이크업 패턴이 달라 보여야 한다.

1. 시간에 따라

일반적으로 사회생활을 하는 여성에게는 깔끔한 외모와 행동이 매우 중요하다. 가벼운 메이크업으로 자신을 돋보이게 하는 것은 에티켓으로 여겨진다. 바쁜 아침, 제한된 시간에 모든 것을 다 하려고 욕심 내지 말고 10분 정도의 시간으로 스피드 메이크업을 한다. 하루 2~3차례 수정 메이크업은 꼭 필요하다.

아침

출근전 스피드 메이크업은 내추럴한 컬러를 선택해 색상은 중간 톤으로 선택하여 생기 있는 느낌을 줄 수 있도록 한다. 내추럴한 립스틱 색깔이 하다. 단, 아침에 중요한 회의가 있으면 시선을 모을 수 있는 입술컬러로 깔끔하게 마무리한다. 가벼운 메이크업과 함께 잘 정돈된 헤어 스타일로 마무리 한다.

낮

점식식사 후 10분 정도 투자해 변화된 모습으로 연출해 보자

- 눈화장 : 파스텔 계열로 차분하고 자연스런 톤의 색감으로 가볍게 펴발라 눈가를 환하게 해주고 두가지 이상 사용하게 된다면 밝은 색상으로 베이스를 깔고 포인트 색상은 자연스럽게 그라데이션 해준다.
- 아이라인: 또렷한 눈매를 원한다면 검은색 라이너로 눈썹 사이사이를 꼼

꼼이 메꾸어주듯 그려준다
- 마스카라: 기능이 우수한 검정 마스카라로 가볍게 발라준다
- 립그로스로 마무리 한다

저녁
- 피부에 유분기를 늘려주고 분첩으로 피부톤을 수정하며, 피부에 잔여물들을 털어주고 오전 메이크업의 칼라를 덧입혀준다
- 퍼플 계열의 립스틱이 흐트러짐 없는 입매를 수정한다
- 아이라인은 또렷하게 그려주어 표정있는 눈매를 표현한다
- 마스카라는 가볍게 정돈하고 눈썹은 표준형이나 각진 눈썹으로 샤프한 느낌의 중간톤헤어칼라)으로 칠해준다

2. 장소에 따라

야외공간
- 정원이나 숲 속 등 야외 : 자연광이므로 투명한 느낌이 들도록 피부는 맑게 표현한다
- 자기 피부보다 한 단계 밝은 톤으로 표현, 투명 파우더로 산뜻한 느낌을 강조한다
- 눈과 입술은 선명하게 라인처리한다
- 컬러풀한 섀도와 립스틱으로 포인트를 준다

실내 공간
- 입체 메이크업으로 또렷한 인상을 주도록 한다
- 포인트 컬러로 눈과 입술 중 한 곳만 선택하여 선명하게 표현 한다
- 피부 톤은 화사하게 표현하여 입체감을 살려준다
- 밝고 선명한 립스틱으로 매혹적인 입술을 연출한다

성당이나 교회, 절

- 경건한 분위기이며 조명이 어둡다
- 조명이 어두우므로 밝고 선명한 느낌이 생명이다
- 내추럴한 피부 화장에 투명 파우더로 하이라이트를 준다
- 눈화장은 자연스럽고 신비한 연보라색으로 고급스럽고 우아한 이미지를 연출한다
- 입술화장은 립그로스로 자연스럽게 표현한다

예식장

- 화사하게 빛나는 화장이 포인트다
- 입체감을 살리면서 화사한 이미지를 연출한다
- 피부 톤은 본인의 피부보다 조금 밝게 표현한다
- T존과 눈은 펄 파우더로 입체감을 살린다
- 아이라인을 그려 또렷한 눈매를 연출한다
- 핑크 빛이 도는 와인 계열로 화사한 이미지를 완성한다

3. 상황(Occasion)에 따라

모임 메이크업

모임에 나갈 때 화장은 평소보다 좀 과감하게 해도 좋다. 또 나이에 어울리게 우아하면서 의상과 맞춘 화장을 한다. 저녁모임에는 조명의 영향을 받기 때문에 반짝이는 펄 성분이 들어있는 메이크업 베이스와 파운데이션을 바라는 것이 좋다. 아이 섀도는 옷 색상에 따라 달리 포인트를 준다. 검정의상의 경우 와인이나 그레이 등을 섞어서 사용하고 아이라인과 마스카라로 눈매를 강조한다. 입술은 와인컬러를 바른 후 립그로스를 덧발라 부드럽게 한다. 단, 원포인트 메이크업한다. 브라운 계통의 옷을 입을 때는 베이지 바탕의 아이 섀도에 다크 브라운이나 카키색으로 포인트를 준다. 검정 의상에는 핑크색이, 브라운 의상에는 오렌지 볼터치가 잘 어울린다.

운동할 때 메이크업

기초화장 후 자외선 차단 크림을 바르고 UV파운데이션이나 메트한 파운데이션으로 표현해 준다. 운동을 하면 신진대사 활발해져 피지분비의 증가로 인해 메이크업은 쉽게 얼룩지고 들뜨게 되어 지속력이 부족하게 되므로 따라서 물에 강한 화장품으로 깔끔하게 메이크업이 유지되어야 한다. 일반적으로 자외선 차단효과를 더 강하게 하기 위해서 두껍게 메이크업하는 경향이 있으나 활동량이 많은 운동을 하게 되면 과다한 땀이 배출되므로 두꺼운 메이크업은 피부호흡을 막아 피부에 부담을 준다. 얇은 메이크업과 함께 산뜻한 마무리로 쾌적함을 느낄 수 있어야 한다. 아이 섀도는 오렌지나 카키 등의 과감한 색상으로 건강미가 느껴지도록 펴 바르고 아이라인은 펜슬 타입보다 액상 타입이 번짐이 없이 깔끔하고 또렷하게 표현할 수 있다. 마스카라는 생략하며 사용 할 때는 물과 땀에 강한 워터 마스카라를 사용한다. 입술은 차가운 느낌의 활동적인 오렌지나 레드, 브라운이 어울린다. 운동을 하면 피부색이 붉게 되므로 볼 화장은 생략한다.

직장인 메이크업

사회생활을 하는 여성에게는 깔끔한 외모로 가벼운 메이크업으로 자신의 장점을 돋보이게 하는 것이 좋다. 바쁜 아침에 욕심내지 말고 짧은 시간으로 최대의 효과를 줄 수 있는 스피드 메이크업을 한다.

- 눈썹을 자연 스럽게 표현한다
- 파스텔 계열의 한 가지색으로 쌍가풀 부위를 펴 바른다
- 아이 라이너를 그려준 후 마스카라로 뚜렷한 눈매를 연출한다
- 볼터치는 핑크, 안에서 바깥쪽으로 가볍게 한다
- 입술은 핑크색을 바른 후 티슈로 한 번 눌러주어 립스틱을 오랫동안 지속시켜 주도록 하며 립그로스로 마무리 한다

콘서트장 메이크업

콘서트장이라면 대체로 어두운 가운데 조명이 있기 때문에 옅은 화장은 티도 잘 나지 않는다. 우선 평소에 하는 것보다 좀 진하게 한 화장을 한다. 무엇보다 조명의 영향을 많이 받기 때문에 피부표현보다 색조화장에 중점을 두는 것이 좋다. 펄을 이용하는 것도 한 방법이다. 펄이 들어 있는 메이크업 베이스를 사용하면 전체적으로 반짝이는 느낌을 줄 수 있고, 부분적으로 사용하려면 크림 타입의 펄 섀도를 눈두덩이, 뺨, 눈밑, 입술 중에 원하는 부분에 발라 준다.

4. 조명에 따라

메이크업 유의점

요즘 분양하는 아파트를 보면 파우더룸이나 화장대 공간을 마련하여 보다 기능적이고 편리한 생활공간이 늘어나고 있다. 그러나 여성의 입장에서 보았을 때 실제로는 화장을 하기 어려운 불편의 요소가 많다.

화장이란 아침, 저녁으로 하는 기초화장과 색조화장으로 크게 분류하여 볼 수 있는데 단순히 로션이나 영양크림을 바르는 기초화장과는 달리 외출을 위한 색조화장은 자연광을 필요로 한다. 자연광이 비추지 않는 파우더룸에서 화장을 하고 나오면 마치 무대화장처럼 어색한 화장이 되기 쉽다. 이렇게 자연광이 비추지 않는 위치일 때에는 조명이 자연광에 가깝게 설치되어야 하나 대개의 경우는 그렇지 못한다. 할로겐 램프나 통로 위의 천정에 설치된 조명은 화장하는 얼굴을 자연스럽게 비추지 못하고 얼굴색이 다른 경우가 많다.

조명 잘 받는 메이크업

피부 속이 보일 정도로 가볍고 밝게 피부 톤을 정리한 후 눈 화장은 파스텔 계열로 눈의 음영을 준 후 아이 라이너로 눈의 선명함을 부여한다. 입술 화장은 립라이너로 라인을 그린 후 립그로스로 글로시하게 연출한다. 제일 중요한 부분은 화이트 펄을 이용해 T존 부위와 눈 밑에 터치해 준다. 마무리로 반짝이를 얼굴 전체에 뿌려 준다.

피부화장

맑고 투명한 피부표현을 위해 화이트 메이크업 베이스를 소량 가볍게 펴발라 준다. 파운데이션은 가볍고 커버력있는 크림 타입 화운데이션을 이용한다. 투명 펄 파우더를 이용해 투명한 피부 표현을 강조한다.

눈 화장

화이트 아이 샤도우로 눈두덩이와 눈밑 다크써클 넓게 핀다. 파스텔 계열의 펄 파우더를 이용해 아이 홀 부분을 눈 꼬리 쪽에서부터 분 머리쪽으로 핀다. 반짝이를 이용해 언더라인에 연결 해 준다. 아이 라이너로 속 눈썹에 가깝게 최대한 얇게 아이라인을 그려 주어 눈매가 선명하게 해 준다. 블랙 마스카라로 속 눈썹이 풍성해 보이게 심듯이 한올 한올 올려준다. 투명 마스카라로 다시 한번 덧칠하여 속 눈썹을 고정한다.

입술 화장

립 색상이 표현되는 립글로스를 이용해 글로시하게 표현한다.

볼 화장

여성스러움을 강조하기 위해 핑크색 블러셔를 이용해 사선 방향으로 마무리한다. 화이트 펄을 이용해 T존 부위와 눈 밑에 터치해 준다. 반짝이를 이용해 얼굴 전체에 털어 준다.

조명아래 빛나는 메이크업

어둡고, 조명이 강한 클럽 파티에서는 환하게 반짝이는 피부만큼 효과적인 것은 없다. 화려한 펄 메이크업을 시도해 보자.

피부화장

펄이 함유된 메이크업 베이스로 샤이니한 느낌을 더하고 미세한 펄감이 화사함을 주는 리치 화이트 컬러로 얼굴 윤곽을 또렷하게 살린다. 블루 펄 파우더를 광대뼈를 중심으로 사선으로 발라 은은한 펄 감을 준다. 펄 베이스를 손가락으로 펴 바른 후, 소량의 펄 파운데이션을 펴 바른다.

눈화장

핑크 섀도를 눈두덩에 펴 바르고 쌍꺼풀 라인에 바이올렛 섀도로 그러데이션을 그린 후, 진한 와인 섀도로 라인을 덧발라 준다. 진한 컬러가 눈 전체로 퍼지지 않도록 한다.

입술화장

글로시한 자줏빛 립그로스를 바른다. 펄 메이크업의 특성상 얼굴이 밋밋해 보이므로 진한 컬러를 선택해야 한다.

볼화장

펄이 들어간 핑크 블러셔로 광대뼈 윗부분을 감싸듯이 터치한다.

조명아래 사진 찍을 때 메이크업

사진발을 잘 받으려면 피부는 하얗게 입술은 빨갛게 눈은 크게 표현한 메이크업을 하면 훨씬 또렷하고 이쁘게 나온다. 잡티가 있다면 컨실러로 좀 가려주면 좋다. 그리고 사진발은 사진 찍는 기술이 좋으면 한 50%는 성공할 수 있다. 대체로 찍는 사람이 태양을 등지고 이미지 사진처럼 가슴이나 어깨까지 해서 사진이 내려 다 보듯 찍으면 눈이 크고 얼굴이 약간 갸름하게 나올 수 있다.

10. 개성있는 주제별 메이크업

무척이나 무더웠던 여름, 가을을 유난히 기다렸던 해이다. 이제 매혹적이고 깊은 매력을 느낄 수 있는 계절에 반짝이는 펄감을 가미한 골드와 브라운,퍼플 등 가을을 만끽할 수 있는 컬러들과 강렬한 컬러대비로 자유롭고 사랑스러운 로맨틱 하고 그리고 관능적이고 글래머스한 메이크업으로 더욱 돋보이게 해 보자. 특히 이번 시즌에 다양성하게 제시된 소프트 스모키와 신비로운 눈매,관능적인 입술 등 아방가르드함은 트랜드가 부각되는 아이템이다. 가을 트랜드를 좀 더 고혹적이고 화려함을 가미한 룩으로 표현해 본다. 각자의 이미지에도 접목시켜 다양하고 개성있는 주제별 메이크업을 함으로써 나만의 스타일을 찾아 보자.

〈 관능적인 메이크업 〉

무조건 진한 화장은 이제 지어버리자. 볼륨감있고 매혹적으로 표현하여 도발적이고 여성스런 관능미를 강조해 보자.

피부화장

- 파운데이션을 바를 때 펄가루를 섞어 쓰면 조명 아래에서 은은히 반짝이는 환상적인 피부가 연출된다
- 크림타입 핑크펄 블러셔를 볼에 바른 뒤 투명 파우더로 마무리하면 기초피부 메이크업이 완료된다

눈화장

- 매력적인 강렬한 눈을 만들려면 '펄 아이섀도'를 적극 활용한다
- 평면적인 동양인에게 펄 아이섀도는 화려한 분위기를 주어. 흰색 펄 섀도를 눈두덩이에 넓게 바른 후 화이트, 퍼플, 스모키 브라운 순으로 바르면 고혹적인 깊은 눈매를 연출할 수 있다

- 아이라인은 가늘게 그려주고 양쪽 눈매 끝부분에 부분적으로 과장된 느낌의 긴 속눈썹을 붙인 다음 마스카라를 덧바른다

입술화장

- 도톰한 입술은 여성을 더욱 섹시하게 만드며, 강렬한 와인색 립스틱이나 상큼한 오렌지 펄 립스틱으로 화려한 느낌을 줄 수 있다
- 립스틱을 칠한 다음 아랫입술에 립글로스를 바르고 펄가루로 입술 중앙에 포인트를 주면 훨씬 볼륨감있는 입술이 된다

볼화장

- 볼터치는 얼굴에 생기를 주면서 얼굴을 더욱 작아 보이게 함으로, 브라운과 핑크 블러셔를 골고루 섞어 차분한 로즈브라운 색상을 만들어 사선 방향으로 터치해 주면 얼굴이 작아 보이고 샤프해 보인다
- 구슬타입 블러셔를 T존과 턱부위에 덧발라 입체감을 주면 매혹적인 분위기의 관능적인 메이크업이 완성된다

〈 로멘틱 메이크업 〉

전체적인 메이크업 무드를 파스텔 감각의 톤&톤 분위기를 유지해주어, 아이 메이크업과 립 메이크업이 자연스럽게 시선을 끌도록 한다. 여성스러운 섬세함과 사랑스러움이 적절하게 조화된 메이크업이다.

피부화장

- 파운데이션은 피부와 거의 유사한 색상을 선택
- 로맨틱 메이크업에서 가장 중요한 것은 자신의 피부색에 어울리는 파운데이션을 선택한다
- 파운데이션을 너무 많이 발라서 짙은 화장이 되지 않도록 주의한다
- 피부색에 가까운 파우더를 사용한다
- 가볍게 밀착되는 투웨이케이크를 발라주는 것도 좋으며, T존 부위에 화이

트 펄을 발라주면 글로시한피부 표현이 가능한다

눈화장

- 아이브로우는 자연스러운 색상으로 내추럴하게 부드러움을 주는 로맨틱 메이크업에서 진한 눈썹 화장은 금물이므로, 자연스러운 내추럴 브라운 톤을 선택하여 본인의 눈썹 형태에서 부드러운 곡선의 이미지로 그려준다
- 아이섀도는 청순한 느낌의 핑크나 그린과 같은 파스텔 계열을 선택하되 눈매에 깊은 음영을 주지 않기 위해 눈 두덩 전체에 하이라이트 톤의 핑크나 그린 색상 등을 펴 발라주고 눈꼬리 부분이나 쌍꺼풀 라인에 중간 톤으로 가볍게 포인트를 주어, 눈 아래 라인과 연결하여 눈매에 일치감을 주도록 한다
- 아이라이너는 내추럴한 감각의 펜슬 타입이 적당함으로, 너무 두꺼워 지지 않도록 주의하며, 눈꼬리가 쳐지거나 길어지지 않도록 유념해야 한다
- 마스카라는 컬링을 많이 연출하여 눈매를 또렷하게 한다. 부드러운 파스텔 눈매에 색상이 진한 검정색 마스카라를 바르면 눈매가 또렷하게 보인다

입술화장

- 투명한 입술을 연출하여 감미롭고 사랑스럽게 해준다
- 립 라인을 부드러운 곡선의 느낌으로 약간 아웃커브해 준 후, 핑크나 코랄 계열의 색상을 발라준다
- 로맨틱 메이크업에서 사랑스러운 느낌을 한결 돋보여줄 수 있는 것은 바로 립그로스이므로, 립 라이너와 립그로스의 경계가 명확하면 촌스럽고 어색해 보이므로 라인이 립글로스로 스며들도록 바르는 것이 중요하다

볼화장

- 혈색과 청순함을 강조한다
- 베이지 핑크 계열을 사용하여 볼 안쪽을 둥글게 그려주듯이 가볍게 터치하여 혈색을 강조한다

〈 클래식 메이크업 〉

클래식 메이크업은 곡선을 배제해 단정하고 프로다운 느낌을 주는 메이크업 패턴으로 정교한 테크닉의 완벽한 메이크업 패턴이지만, 그다지 튀지 않는 멋스러움으로 고상한 인상과 지적인 이미지를 연출해준다.

피부화장

- 잡티 없는 깔씀한 피부를 표현한다
- 클래식 메이크업은 깔끔한 피부 표현이 중요함으로, 피부의 잡티들을 두껍게 커버하지 말고 피부톤을 깨끗하게 정돈시켜주는 메이크업을 한다
- 피부 표현을 스피드하면서도 가볍고 자연스럽게 밀착시켜줍니다
- 기름 종이를 꼭 휴대하여 번들거리지 않는 깨끗한 피부 상태를 유지하도록 한다

눈화장

- 아이브로우는 브라운과 회색을 적절히 혼합하여 내추럴한 눈썹 톤을 연출하며, 약간 도톰한 두께로 직선적인 형태로 그려준다
- 아이섀도는 베이직하고 편안한 인상을 주는 브라운톤의 아이보리 컬러를 눈 두덩 전체에 펴 발라주고, 아이홀 부분과 노즈 부분까지 연결하여 발라주며, 콧대가 샤프하게 연출되므로 클래식함이 더해진다
- 붉은 톤이 약간 가미된 진한 브라운 톤을 사용하여 눈꼬리 부분에 포인트를 주고 눈 아래 라인 전체에 연결시키며, 이 때 남은 잔여분으로 눈썹에도 터치를 해주면 한결 일치감이 느껴지는 눈매를 연출할 수 있다
- 아이라이너는 눈꼬리 부분을 약간 도톰하게 함으로, 눈매와 일치감이 있는 브라운 색상이나 또렷해 보이는 검정색 아이라이너를 사용한다
- 눈 앞머리는 가늘고 눈꼬리 쪽으로 갈수록 약간 도톰하게 연결되도록 그려주어 그윽함을 강조한다
- 마스카라는 아래 속눈썹까지 치밀하게 마무리하기 위해 뷰러로 속눈썹을

예쁘게 정돈한 후, 마스카라를 한번 깔끔하고 가볍게 터치해주며, 적당히 건조된 후, 여러 번 덧발라주어 눈매를 총명하고 이지적으로 표현한다

입술화장

- 직선적인 립 라인과 매트함으로 도시적인 모던함을 강조한다
- 입술라인을 약간 직선적인 느낌으로 그려준 후, 중간 베이지 계열이나 브라운 색상으로 펴 발라준다
- 지속력을 좋게 하기 위해 티슈로 찍어낸 후, 파우더로 살짝 눌러 주고, 다시 립스틱을 발라주면 매트함이 오래 가기 때문에 이지적인 표정을 유지하는데 효과적이다

볼화장

- 훼이스 라인을 깔끔하게 정돈하여 클래식하게 표현한다
- 브라운 계열로 페이스 라인을 깔끔하게 정돈한 후, 피치 계열의 블러셔를 볼뼈중심으로 사선의 느낌이 나도록 짧게 터치해 준다

〈귀여운 메이크업〉

피부화장

- 화이트계의 메이크업베이스를 발라준다
- 리퀴드 파운데이션으로 얇게 발라준 후 귀여운 느낌의 메이크업을 위해 파우더를 사용한다

볼화장

- 핑크색의 블러셔를 이용하여 볼뼈를 중심으로 브러시를 둥근 느낌으로 귀엽게 발라준다

눈화장

- 핑크나 오렌지 파스텔 계열 섀도우를 가볍게 단색으로 발라준다

입술화장

- 핑크나 오렌지의 립그로스로 가볍게 발라준다

〈 투명메이크업 〉

한듯 안 한듯 깨끗함이 돋보이는 투명 메이크업으로 피부를 잠시 쉬게해주자. 숨김 없이 자연스럽게 나를 드러내는 메이크업. 바로 투명 메이크업의 매력이다.

- 얇게, 오래 두드려서 가능한 가벼운 피부 표현
- 립그로스는 투명 메이크업의 필수 아이템이다

피부화장

- 피부를 밝고 투명하게 보정해주는 화이트펄 베이스를 얼룩없이 꼼꼼하게 발라준다
- 한단계 밝은 리퀴드 파운데이션을 소량만 최대한 얇게 발라주고 충분히 두드려 준다
- 기미나 잡티 부위는 크림 컨실러를 손끝으로 발라 커버해 준다
- 투명 파우더를 퍼프에 취해 두드리듯 발라주어 피지 없는 보송보송한 피부로 연출한다

눈화장

- 눈썹 빗으로 눈썹결대로 빗어준 다음 펜슬로 눈썹의 빈곳을 메꿔준다
- 화이트 아이섀도를 눈두덩이 전체에 가볍게 펴발라준다
- 베이지색, 파스텔 계열의 핑크,산호색으로 아이홀 부위에 발라 눈밑에도 자연스럽게 연결해준다
- 포인트 섀도컬러를 아이라이너용 브러시에 취해 속눈썹 사이사이를 메꾸듯이 발라 가벼운 눈매를 연출한다
- 마지막으로 블랙 마스카라를 위,아래 속눈썹에 꼼꼼하게 발라주어 눈매를 생기있게 마무리해 준다

입술화장

- 투명립글로스로 촉촉하게 마무리한다

- 립라이너 펜슬로 자연스러운 입술 모양으로 연하게 그려준 다음 브러시로 라인을 펴준다
- 모이스트 타입의 베이지나 연한 핑크 립스틱을 발라주고 입술 중앙에는 투명 립글로스를 촉촉한 입술로 마무리한다

볼화장

- T존과 눈아래에 하이라이트로 깨끗하게 한다
- 핑크색 블러셔를 볼뼈를 중심으로 원을 그리듯이 가볍게 발라준다
- 화이트 블러셔를 T존과 눈아래에 터치해주어 하이라이트 효과를 준다

〈보라칼라 메이크업〉

자칫 칙칙한 메이크업이 될 수 있으므로 조심스럽게 해야 한다. 보라 컬러를 돋보이려면 피부톤을 일정하게 정리한 다음, 두가지 이상의 컬러를 활용해야 한다.

피부화장

- 깨끗하고 맑은 피부를 위해 퍼플메이크업 베이스를 얼굴 전체에 펴 바른 후 뾰루지나 잡티는 컨실러로 꼼꼼하게 메워준다
- 투명 파우더로 얼굴의 유분기를 제거하고, 컨실러를 발랐기 때문에 파운데이션은 생략한다

눈화장

- 연한 퍼플 컬러로 베이스를 깔아준다
- 진한 그린 컬러를 속눈썹 부분에 살짝 칠해 준다
- 크림 섀도우를 활용하면 잘 지워지지 않으면서 글로시한 느낌이 든다
- 속눈썹은 바짝 세워 올려준 다음 또렷한 눙을 만들기 위해 쏙눈썹을 붙여준다

입술화장

- 립 메이크업은 최대한 자제한다
- 누드 톤에 가깝게 촉촉한 느낌만 가미한다

파우더의 기능

- 파운데이션이션의 유분기 제거가 가장 큰 목적이고 피부색상을 깨끗하게 연출해 준다. 또한 파운데이션의 지속성 유지, 외부 자극으로부터 피부를 보호하는데 목적이 있다

파우더의 종류

- 투명분(Transparent Powder) : 어떠한 메이크업에도 사용가능하며, 분 자체의 색은 표현되지 않고 파운데이션의 유분기만을 흡수하는 파우더이다
- 색상분(Color Powder) : 피부톤 조정용으로 사용한다

파우더 컬러

- 베이지, 페어 : 자연스러운 메이크업을 표현할 때 따뜻한 느낌의 표현이 가능하다
- 핑크 : 혈색부여 목적으로 피부가 유난히 창백한 사람에게 어울리며, 신부화장, 파티화장에 사용하면 효과적이다
- 스카이 : 피부가 붉어지는 느낌을 제거할 때 효과적이며 투명한 느낌이 표현된다
- 화이트 : 밝고 화사한 피부표현을 원할 때 사용한다
- 퍼플 : 노랗고 칙칙한 피부를 화사하게 표현하며 투명 메이크업 연출시 사용한다

파우더를 바르는 방법

- 퍼프(Puff)이용법 : 먼저 퍼프에 파우더를 적당량을 덜어 골고루 편 후 눈을 먼저 누른 다음에 얼굴전체에 발라주고, 그 다음 퍼프를 반 접어서 눈 밑, 눈 꼬리, 코 밑을 꼼꼼히 처리한다

• 페이스 파우더 브러쉬(Face Powder Brush)이용법 : 먼저 파우더를 손바닥이나 티슈에 덜어 놓은 후 둥근 브러쉬를 이용해 얼굴의 측면에서부터 중앙으로 굴리듯 도포한다. 이는 파우더를 소량 사용하고 싶을 때 효과적이다

컴팩트

• 프레스트 파우더(Pressed Powder)를 최대한 압축한 고형상태로 일반적인 파운데이션류와 유사한 색상과 블루,그린,옐로우,바이올렛과 같은 컬러 조정용, 쉐이딩용으로 사용되는 다크 브라운 컬러 등이 있다

11. 모임 · 행사 메이크업(Party make-up)

연말, 크리스마스, 송년회, 신년회, 연말 모임은 평소보다 화려하게 톡톡 튀어보자. 정다운 친지나 친구들과 모임이 많아지는 12월 들뜬 마음으로 조금 떠들썩한 만남을 즐기고 싶어지는 때이다.이럴때 일수록 여성들은 옷차림.메이크업,헤어스타일 등 신경이 많이 쓰인다. 조금만 신경쓴다면 자신만의 매력을 최대한 보여 줄 수 있다. 요즘 젊은이들은 서구식 파티 모임이 늘고 있다. 파티문화에 익숙치 않아 자기만의 스타일이 없기 때문에 더욱 신경이 쓰인다. 이런 날은 특별해 질 필요가 있다. 화사하면서 매력이 넘치는 모습으로 변신시켜 보자.

〈 송년모임 메이크업 〉

메이크업할 때 다장 신경을 써야 할 부분은 시간과 장소,목적을 고려해야 한다는 것이다. 평소와는 다른 자신의 모습을 보요주고 싶다면 바로 메이크업에서 그 답을 찾을 수가 있다. 낮 동안의 모임이라면 화려하도 자연스럽게, 늦은 저녁시간모임이라면 입체감을 살려 화려하게 표현하는 것이 좋다.

잡티, 기미 등이 많아지는 30-40대는 피부표현에 가장 공을 들여야 한다. 기초화장 후 메이크업 베이스와 자신의 피부보다 한 톤 밝은 파운데이션을

적당량 펴발라 피부색을 통일시켜주고 잡티나 기미부분은 콘실러를 덧발라 최대한 가려준 다음 페이스 파우더를 꼼꼼히 눌러 바른다. 산호색이나 브라운 계열의 볼연지(치크컬러)를 볼뼈를 자연스럽게 발라주면 얼굴에 생기를 더해줄 수 있다.

브러시를 이용해 펄파우더를 티존부위에 포인트를 준다. 펄이 함유된 파스텔계열의 새도우를 한가지 색으로 눈두덩이에 잘 펴 바른다.

속눈썹은 한올 한올 벗어 올린다. 아이라인을 속눈썹사이의 빈 공간을 메우는 느낌으로 그리고 눈꼬리를 길게 빼주면 눈매가 시원해 보인다.

입술라인은 립스틱, 립브러쉬를 이용해 붉은 계열로 발라 주거나, 립그로스나 립밤을 반짝이듯 발라준다.

20대는 너무 진하거나 솜씨를 부린 화장보다는 개성을 살리는 것이 좋다. 자신의 피부에 맞는 메이크어 베이스와 화운데이션을 전체적으로 얇게 펴 바른다. 컨실러로 잡티를 커버하고 파우더를 전체적으로 가볍게 바른 후 볼터치는 웃었을때 볼록 튀어나오는 부분에 자연스럽게 발라준다. 펄이든 아이섀도로 신비롭게 연출하고 눈두덩이에 펴 바른다. 촉촉하게 반짝이는 크림새도를 사용해도 좋다.

눈매를 섹시하고 선명하게 마스카라는 한올 한올 올리고 아이라인을 속눈썹 사이사이를 메우듯 그리고 눈꼬리를 길게 빼준다. 인공 속눈썹을 붙여 개성을 살려준다. 립컬러는 다양한 립그로스 제품을 이용해 탐스럽게 반짝이는 입술을 연출한다.

〈 파티(Party)메이크업 〉

또렷하고 밝은 화장으로, 시선을 집중시킨다. 좀 더 화려하고 섹시하게, 메이크업은 더욱 발고 선명하게! 대담하게 색을 써서, 자신의 개성을 표현한다. 의상과의 컬러매치를 고려한다. 조명 아래에서는 밝은 피부색이 더욱 화려한 분위기를 연출할 수 있다. 파티메이크업의 색상은 핑크나 퍼플계열의 고명도, 저채도를 사용해주는 것이 좋다.

파운데이션이나 파우더를 바를 때 펄이 든 제품을 선택하는 것도 효과적이다. 자신의 피부색보다 한단계 밝은 톤으로 하며, 눈썹은 눈썹산에서 각을 크게 주게 선명한 이미지를 준다.

흰색 새도를 눈두덩 전체에 엷게 펴 발라주고 붉은 색 섀도를 쌍꺼풀 주위에 발라 준다.

평소보다 선명하게 그린 눈썹과 매치시켜 아이라인과 마스카라도 블랙색상을 선택하여 최대한 얇고 자연스럽게 길게낸다. 속눈썹을 좀더 풍성하게 보이게 하기 위해 검정색으로 마스카라를 한다.

화려한 조명아래에서의 빨간색은 2배의 매력을 발산한다. 라인을 그릴 땐 윗 입술은 스트레이트형으로 깔끔하게 그린다. 아랫 입술은 도톰하게 표현한다. 조명 아래에서 반짝이며 돋보이는 효과를 주기 위해서 좀 더 밝은 색상의 립스틱 혹은 립그로스를 중앙에 발라주거나 펄이 들어간 립스틱으로 포인트를 주면 좋다. 세련되고 깊은 맛을 주는 연한 갈색의 블러셔를 광대뼈 주위에 사선으로 그려주어 샤프한 느낌을 강조한다.

마무리로 화이트 펄 파우더나 피니쉬 파우더를 사용하여 이마와 콧등, 눈아래 부위에 발라주면 입체감이 있어 보이면서 돋보이는 화장을 완성할 수 있다.

〈 크리스마스(X-mas)메이크업 〉

크리스마스엔 화려하고 섹시항 분위기로 독특한 크리스마스 파티 메이크업으로 평소와는 다른 모습으로 화려하게 변신하여 보자.

피부화장

피부색에 맞는 화운데이션을 자연스럽고 건강한 피부로 표현하고 잡티가 많은 피부는 컨실러를 이용해 커버해 준다. 스틱고형타입의 화운데이션을 컨실러 대용으로 사용하면 좋다.

눈화장

펄이 들어간 제품을 그 날 입을 의상 색깔에 맞추어 동일 색상으로 표현해 주면 세련된 분위기로 연출할 수 있다. 메이크업에 자신이 있는 분은 과감한 색깔의 아이섀도를 사용해도 좋으나 자신이 없는 분은 살구색 컬러를 사용해 눈의 어느 한 부분 앞 혹은 꼬리,중간을 강조한 곳에 발라준다.

마스카라로 한올 한올 눈썹을 최대한 끌어 올려주고 인조 속눈썹을 붙여 준다. 아래 속눈썹도 마스카라를 세워 바른다.갑자기 눈썹을 붙이면 눈이 무거울 수 있으므로 미리 몇 번으 테스트를 해 본다.인조 속눈썹은 가장 자연스러운 모양부터 붙여 준다. 아이라인을 길게 그려준다.

입술화장

글로시한 느낌의 피치칼러 립스틱을 바르고 투명 립그로스를 바르고 건강하게 표현해 준다.

〈 스키장 메이크업 〉

개성 만점에 톡톡 튀는 대담한 메이크업으로 스키장의 진정한 킹카가 되어보자. 하얀 설원에 펼쳐진 스키장에서 제일 튀고 싶다면 눈부시고 화려한 메이크업에 도전해 보자

피부화장

섹시한 미이크업으로 표현하려면 본인 피부톤보다 한 톤 어둡게 하고 강한 컬러의 섀도우, 펄을 사용하려면 피부 톤을 본인 피부 톤보다 한 톤 밝게 표현해 준다.

눈화장

화이트 아이섀도 밝은 색 섀도를 발라 환상적인 분위로 연출하고 펄이 함유된 젤 타입을 발라 반짝거리게 한다. 내추럴하고 섹시한 눈화장을 표현하

려면 베이지색 계열의 아이섀도를 눈두덩이에 바르고 속눈썹은 최대한 풍성하게 마스카라를 발라준다.

입술 화장

섹시하게 표현하려면 와인이나 레드로 표현해 주고 눈에 펄이 새도를 많이 사용했다면 연한 핑크색의 립스틱을 바르고 립그로스를 덧발라주어 표현한다.

볼화장

형광색의 컬러를 포인트로 발라주거나 반짝이는 비주를 1-2개 붙여주면 개성있는 메이크업을 표현하는데 좋을 것이다.

12. 설날 한복에 어울리는 메이크업

명절엔 한복만큼 입는 이를 돋보이게 해주는 옷도 없다. 한복을 잘 갖춰 입더라고 화장이 이에 맞지 않는다면 자칫 촌스럽게 보일 수 있다.

한복은 보통 의상보다 채도가 높은 편이므로 평소대로 화장을 하면 의상에 비해 얼굴이 죽어 보일수도 있다. 메이크업 색상은 한복의 색과 조화를 이루면 자연스럽고 우아한 느낌을 준다. 메이크업 테크닉은 전체적으로 은은한 느낌이 들게 하고 포인트는 입술과 눈 어느 한 곳에만 포인트를 준다. 만일 메이크업이 눈에 두드러지고 짙어지면 품위가 없어 보일 수 있다.

치마의 색깔과 메이크업의 칼라를 일치시키는 것이 가장 이상적이다. 이를테면 치마가 분홍색이라면, 아이메이크업은 한 듯 안 한 듯 연하게 해주고, 대신 립스틱을 진한 핑크계열로 발라 주는 것이 좋다. 또한 립그로스나 립밤으로 입술을 자연스럽게 표현하고 아이 메이크업을 핑크나 퍼플계열로 화사하게 표현해 준다. 입술을 강조하려면 전자를, 눈을 강조하려면 후자를 선택하는 것이 좋다.

피부 표현은 평소보다 한 단계 밝고 투명하게 한다

피부톤은 평소보다 희게 표현하는 것이 피부가 훨씬 곱고 화사해 보인다. 평상시에는 피부톤이 약간 어두워도 개성있게 보일 수 있지만, 화려한 색상과 문양의 한복에는 흰 피부가 가장 잘 어울린다. 피부표현은 20~30대와 40대 이상인 경우 약간 차이를 둬 표현해야한다. 피부가 한창 좋은 20~30대 연령대의 여성이 한복에 어울리게 깨끗한 피부를 보여주고 싶다면 커버력있고 촉촉해 보이는 크림 파운데이션과 리퀴드 파운데이션을 같이 사용해 보자. 밝은 리퀴드 파운데이션을 살짝 덧발라 피부를 밝고 깨끗하게 표현하도록 한다. 잡티가 있다면 파운데이션을 두껍게 바르기보다 컨실러를 이용해 깨끗하게 커버해 준다. 40대는 평소 피부톤보다는 화사한 느낌으로 혈색이 돌도록 핑크빛이 도는 크림 파운데이션을 자연스럽게 바른다. 50대도 평소보다 화사한 느낌이 드는 베이지나 핑크빛 크림 파운데이션으로 투명하게 피부 표현을 해준다. 특히 한복은 목의 아름다움이 눈에 띄는 의상이므로 반드시 목 주변에도 파우더를 발라 경계가 생기지 않도록 한다. 목에 바를 때는 묻지 않도록 티슈로 동정을 감싸주고 브러시를 사용해 발라준다.

눈썹을 굵지 않게 아치형으로 그린다

눈썹의 형태는 한복의 곡선을 고려해서 우아하지만 인위적이지 않게 그려준다. 본인의 눈썹결을 살려 주되 각이 지지 않도록 표현한다.

아이섀도는 한복의 저고리의 색상과 비슷한 계열색으로 선택한다

사용하는 색상은 두 가지 정도가 바람직하며 베이스 컬러를 펴 바르고 포인트 컬러로 쌍커플 부분에 포인트를 준다. 이때 전체적으로 강하지 않고 부드러운 느낌을 주는 것이 중요하다. 40대 아이섀도 색상은 한복 색깔과 맞춰 메이크업 해 준다. 특히 저고리 색상과 동일색으로 한다. 50대 아이섀도 색상은 전체적으로 은은한 펄이 들어간 제품을 전체적으로 사용 해 준다. 섀도로는 음영만주고, 아이라인과 마스카라를 눈매를 강조하여 눈에 깊이감을 주도록 한다.

아이라인은 자연스럽고 또렷하게 그린다

아이라인은 눈의 모양에 따라 자연스럽게 그려준다. 눈의 형태에 따라 그리는 방법이 조금씩 달라진다. 속눈썹에 바짝 붙여 그리고 눈꼬리를 살짝 올려 그려준다.

마스카라는 자연스럽게 컬을 살려 발라준다

뷰러(속눈썹 올려주는 도구)를 이용해 속눈썹 뿌리부터 컬을 준 다음 마스카라를 발라주면 깊을 눈매를 연출할 수 있다.

입술은 한복화장의 포인트다

붉은색 계열 레드, 오렌지, 와인 색등 선명한 색상을 선택하되 한복색과 가장 유사하거나 좀더 짙은 색상의 립스틱을 입술중앙에 바르고 약간의 펄이 담긴 브라운 계열로 입술꼬리 쪽으로 펴 바른다. 입술을 약간 둥글게 바깥쪽으로 그려 주면 한복의 분위기와 맡게 부드럽게 연출할 수 있다.

볼화장은 가벼운 터치로 은은하게 표현한다.

볼 화장은 입체감보다는 여상스러운 분위기를 연출하는 것이 좋다. 관자놀이 조금 아래에서부터 입술 끝을 향하여 반타원형 형태가 되도록 잘 펴 바른다

〈궁중한복 메이크업〉

궁중한복은 갓 결혼한 새 색시나 20대 초반의 젊은 여성들에게 잘 어울린다. 궁중한복에는 우아하고 기품있어 보이게 파스텔톤의 메이크업을 한다. 한복의 디자인이나 모양이 화려하다면 메이크업은 청순하면서도 단정하게 하는 것이 좋다. 한복이 화려한데 메이크업까지 요란하게 보이면 오히려 역효과가 될 수 있다.

피부표현

평상시보다 피부 톤을 투명하게 표현한다. 피부 톤보다 한 단계 밝은 파운데이션을 살짝 덧바르고 피부와 메이크업이 깨끗하고 깔끔하게 표현한다. 마무리는 파우더로 화사하게 하되, 목 주변에도 덧 발라주어 경계가 생기지 않도록 한다.

아이섀도우

한복의 색과 어울리는 파스텔 칼라로 한가지 색깔로 눈두덩이에 펴 바른 후, 아이라인과 마스카라로 깔끔하게 마무리한다.

입술

입술선부터 약간 둥글게 그려주고 립스틱으로 그 안을 메꾸어 주면 더 선명하고 깔끔하게 발라준다. 한복이 원색이라면 오렌지 계열로, 파스텔톤이라면 핑크 또는 누드베이지 립스틱으로 조화를 이루도록 한다.

〈개량 한복 메이크업〉

요즘은 활동성과 실용성이 강조된 개량한복을 많이 입는다. 점차 무늬나 색깔이 다양하게 많이 나와 있어, 한복을 장시간 입고 일하는 여성에게 기능성 있는 우리 옷인 것 같다. 개량한복을 입었을 땐, 너무 화려한 메이크업보다는 평소에 하던 메이크업을 하되, 조금 더 정성들여 하는 것이 좋다.

참고문헌 및 출처

강경화. 현대 메이크업 총론. APC. 2000
강근영 외 2인. 메이크업 디자인. 훈민사. 2003
강호섭. Raceless. Vogue(K). 1998.12
권태순 외 1인. 메이크업 베이직. 훈민사. 2007
김광숙 외 3인. The Make up. 예림. 2002
김덕록. 화장과 화장품. 도서출판 답게. 1997
김영호. 시각디자인의 구성원리. 태학사. 1998
김재은(역). 예술심리학. 이화여대 출판부. 1989
김진영(역). 바비 브라운 메이크업 매뉴얼. 중앙m&b. 2009
김영효. 데리다의 해체철학. 민음사. 1993
김지희 외 2인. 20세기 화랑문화사. 경춘사. 2006
박숙현. 패션디자인론. 예학사. 2004
백승길 외 1인(역). 서양미술사. 예경. 2005
송혜선. White Magic. Vogue(K). 1997.1
신인섭. 광고로 보는 한국 화장의 문화사. 김영사. 2002
양진희 외 5인. 메이크업 디자인. 광문각. 2005
우수연 외 2인. 컬러 코디네이션의 기초. (주)휴앤즈. 2008
이광래. 해체주의란 무엇인가. 민음사. 1993
이명희. 포스트 모던적 현대 메이크업.
한남대학교 대학원 석사학위 논문. 2004
이학재. 분장의 길. 자유문화사. 1994
조은별. 20세기 화장문화에 잔한 연구.
이화여자대학교 석사학위논문. 1996
진종언, 김형률 외 1인. 화장품과학. 도서출판 정담. 1999
천지연 외 3인. FACES in make-up. 청구문화사. 2001

최은지. 아방가르드 패션을 위한 메이크업 연구.
홍익대학교 대학원 석사학위논문. 1999
한명숙. 마뀌아쥬 예술. 청구문화사. 2001
황정원. 화장품학. 현문사. 1995
BEUTY COLLECTION
동아 TV. vol.1-2COLLECTION
동아 TV. vol.4-12
fem collection. modanews Co.,Ltd. vol.7-14
MAC. 2009 스프링 신제품 소개 홍보용 자료

〈 제 1 장 〉

그림 1. 양진희 외 5인. 메이크업 디자인. 광문각. 2005. p.15
그림 2. 김지희. 20세기 화장문화사. 경춘사. 2006. p.9
그림 3 ~ 그림 4.
양진희 외 5인. 메이크업 디자인. 광문각. 2005. p.17
그림 5. 강근영 외2인. 메이크업 디자인. 훈민사. 2003. p.15
그림 6. 김지희 외 2인. 20세기 화장문화사. 경춘사. 2006. p.16
그림 7. 양진희 외 5인. 메이크업 디자인. 광문각. 2005. p.18

〈 제 2 장 〉

그림 1. 강근영 외2인. 메이크업 디자인. 훈민사. 2003. p.18

그림 2.

http://blog.naver.com/stylistmira/Redirect=Log&logNo=90032164754

그림 3. 김지희 외2인. 20세기 화장문화사. 경춘사. 2006. p.19

그림 4.

http://blog.naver.com/stylistmira/Redirect=Log&logNo=90032164754

그림 5. 강근영 외2인. 메이크업 디자인. 훈민사. 2003. p.20

그림 6.

http://blog.naver.com/stylistmira/Redirect=Log&logNo=90032165626

그림 7.

http://blog.naver.com/stylistmira/Redirect=Log&logNo=90032165626

그림 8. 양진희 외 5인. 메이크업 디자인. 광문각. 2005. p.30

그림 9. 백승길 외1인(역). 서양미술사. 예경. 2005. p.182

그림 10. 양진희 외 5인. 메이크업 디자인. 광문각. 2005. p.31

그림 11. 천지연 외4인. FACES in Make-up. 청구문화사. 2001. p.19

그림 12. ~ 그림 15.

김경하. 르네상스 시대 인물화에 나타난 메이크업의 특성.

대구대 디자인대학원 석사학위논문. 2004

그림 16. 양진희 외 5인. 메이크업 디자인. 광문각. 2005. p.33

그림 17. 천지연 외4인. FACES in Make-up. 청구문화사. 2001. p.21

그림 18. 천지연 외4인. FACES in Make-up. 청구문화사. 2001. p.125

그림 19 ~ 그림 23.

이유나. 18세기 로코코 방식의 미용문화에 관한 연구.

성신여대 아트디자인대학원 석사학위논문. 2008

그림 24. 김지희 외2인. 20세기 화장문화사. 경춘사. 2006. p.34와 p.32
그림 25. 천지연 외4인. FACES in Make-up. 청구문화사. 2001. p.26~27
그림 26. 강근영 외2인. 메이크업 디자인. 훈민사. 2003. p.27
그림 27 ~ 그림 28. 강근영 외2인. 메이크업 디자인. 훈민사. 2003. p.28
그림 29 ~ 그림 31. 양진희 외 5인. 메이크업 디자인. 광문각. 2005. p.22~24
그림 32. 강근영 외2인. 메이크업 디자인. 훈민사. 2003. p.232
그림 33.
http://blog.naver.com/marinahal/Redirect=Log&logNo=140061934693
그림 34. http://cafe.naver.com/thetramp/86
http://cafe.naver.com/ifdb/1281
그림 35.
http://blog.naver.com/kira1004/Redirect=Log&logNo=140009869676
그림 36. http://cafe.naver.com/ifdb/837
그림 37.
http://blog.naver.com/damdorang/Redirect=Log&logNo=150038056462
그림 38.
http://blog.naver.com/brenda9299/Redirect=Log&logNo=120059167326
그림 39 ~그림 40.
양진희 외 5인. 메이크업 디자인. 광문각. 2005. p.143 ~ 144
그림 41. 양진희 외 5인. 메이크업 디자인. 광문각. 2005. p.146과 p.147
그림 42 ~그림 43.
양진희 외 5인. 메이크업 디자인. 광문각. 2005. p.148 ~ 149
그림 44. 천지연 외 4인. FACES in Make-up. 청구문화사. 2001. p.41
강근영 외 2인. 메이크업 디자인.훈민사. 2003. p.214
그림 45 ~ 그림 47.
양진희 외 5인. 메이크업 디자인. 광문각. 2005. p.152 ~ 154

〈 제 3 장 〉

그림 1. 우수연 외2인(역). 컬러코디네이션 기초. 휴앤즈. 2008. p.22

그림 2. 우수연 외2인(역). 컬러코디네이션 기초. 휴앤즈. 2008. p.28

〈 제 4 장 〉

그림 1 ~ 그림 3. .

변혜옥. 메이크업 북. 조선일보 생활미디어. 2009. p.26 ~ 31

그림 4. 양진희 외 5인. 메이크업 디자인. 광문각. 2005. p.97

그림 5. 양진희 외 5인. 메이크업 디자인. 광문각. 2005. p.88

그림 6 ~ 그림 7.

변혜옥. 메이크업 북. 조선일보 생활미디어. 2009. p.34 ~ 37

그림 8. 변혜옥. 메이크업 북. 조선일보 생활미디어. 2009. p.38 ~ 39

그림 9. 변혜옥. 메이크업 북. 조선일보 생활미디어. 2009. p.39